Couvertures supérieure et inférieure manquantes

VOYAGE

DE

JOHN BARROW

SCEAUX. — IMP. M. ET P.-E. CHARAIRE

VOYAGE

DE

JOHN BARROW

DANS

L'AFRIQUE MÉRIDIONALE

De 1797 à 1798

PARIS
LIBRAIRIE D'ÉDUCATION
GÉRANT : AMABLE RIGAUD, ÉDITEUR
33, QUAI DES AUGUSTINS, 33

1877

VOYAGE

DANS

LES CONTRÉES MÉRIDIONALES

DE L'AFRIQUE

CHAPITRE PREMIER

Établissement du cap de Bonne-Espérance.

Le voyage de Vasco de Gama a fait connaître la première expédition entreprise par les Européens, pour doubler le promontoire le plus méridional de l'Afrique, le fameux cap de Bonne-Espérance, que jusque-là on avait nommé cap des Tourmentes, parce que d'horribles tempêtes avaient semblé interdire aux plus hardis navigateurs de pénétrer au delà.

Ce même cap de Bonne-Espérance servit de lieu de relâche et de repos au capitaine Wallis, au capitaine Cook, aux autres marins illustres qui ont exécuté des voyages autour du monde.

Cette immense partie du monde, réunie au

reste du continent de l'Asie et de l'Europe par une langue de terre étroite, l'isthme de Suez, affecte une forme pyramidale, dont la base est tournée vers le nord et est baignée par la Méditerranée, et dont la pointe, dirigée vers le sud, est entourée par l'océan Atlantique d'un côté, et de l'autre par la grande mer du Sud. De fréquents voyages ont permis d'en reconnaître les côtes avec la plus grande exactitude; mais il n'en est pas de même de l'intérieur des terres.

La plupart des peuplades de l'Afrique sont étrangères aux lois de la société : des étrangers ne peuvent se hasarder au milieu d'elles, qu'en prenant des précautions extrêmes, et en courant les plus grands dangers. Quantité d'aventuriers, excités par le louable désir d'étendre le cercle des connaissances humaines, ont payé de leur vie une semblable témérité. Les autres, qui ont eu le bonheur d'en revenir, n'ont cependant pu aller très-loin. Aussi n'avons-nous que des renseignements fort bornés sur la géographie intérieure de l'Afrique. La partie septentrionale elle-même, que les anciens connaissaient assez bien, est encore remplie pour nous d'obscurité et d'incertitude. Quant aux régions méridionales, les anciens n'en avaient aucune connaissance ; ils ne croyaient pas même que l'espèce humaine pût exister sous le ciel brûlant de la zone torride.

Les divisions en nations et en royaumes, la direction des chaînes de montagnes, la source et le cours des rivières de ce pays, ne sont pour la plupart tracés sur la carte que par aperçu.

La relation que nous allons offrir, d'après M. Barrow, apprendra des détails curieux, tant sur la colonie hollandaise du cap de Bonne-Espérance, que sur les hordes à demi barbares qui occupent le territoire environnant.

Dans le cours de la dernière guerre, les Anglais s'étaient emparés du Cap ; mais le traité d'Amiens l'a fait restituer aux Hollandais ; ceux-ci en avaient déjà repris possession avant que la guerre éclatât de nouveau.

On fut longtemps à s'apercevoir de l'utilité dont pouvait être le cap de Bonne-Espérance, pour les vaisseaux qui devaient le doubler en se rendant aux Indes. C'était une idée toute simple, que d'y établir des colons, qui auraient en quelque sorte rendu aux équipages des diverses nations le service d'aubergistes.

En 1620, deux capitaines de vaisseaux anglais, pénétrés de cette réflexion, prirent possession du pays au nom de Jacques Ier, roi de la Grande-Bretagne, et ils en dressèrent procès-verbal.

Ils agirent en cela de leur propre mouvement et sans en avoir reçu d'ordres : aussi cette prise de possession n'eut-elle point de suite. Les Hollandais prévinrent les Anglais. Ils envoyèrent en 1650 *Van-Riebech*, chirurgien de vaisseau, pour y fonder une colonie. Depuis cette époque, jusqu'à la guerre de la Révolution, c'est-à-dire pendant un intervalle de cent quatre-vingts ans, les Hollandais en sont demeurés paisibles possesseurs et s'y sont étendus avec rapidité. En 1650, il n'existait encore dans la colonie naissante que cent individus mâles; bientôt après on leur envoya d'Europe un nombre à peu près égal de femmes, tirées des maisons de travail de Hollande[1]. Cette population a tellement prospéré, qu'elle s'est

1. Lieux où l'on occupe les indigènes des deux sexes qui, sans cette prévoyance, deviendraient des vagabonds, des mendiants, et peut-être pis. Des établissements de ce genre existent en Angleterre et dans les départements de la Belgique.

doublée de vingt ans en vingt ans. Il est vrai que tous ces habitants ne sont pas nés dans le pays, ils se sont grossis d'une foule d'Européens qui successivement sont venus s'y établir.

Les premières difficultés que rencontrèrent les colons, furent le grand nombre des bêtes féroces. Les lions, les léopards, les loups et les hyènes portaient, toutes les nuits, le ravage jusque sous les murs du fort : quant aux Hottentots, anciens et légitimes propriétaires du pays, il ne paraît pas qu'ils causassent beaucoup d'inquiétude aux Hollandais. On trouva un excellent spécifique pour se concilier leur amitié; ce fut de leur distribuer des liqueurs spiritueuses. Un voyageur qui portait sur lui une bouteille d'eau-de-vie pouvait traverser sans péril les hordes d'indigènes : il était bien reçu partout. Enfin on eut l'air de leur acheter une portion de leur territoire, en leur donnant en retour un peu de cette funeste liqueur, du tabac, du fer et quelques bagatelles; depuis, on envahit le reste par la force.

Quoi qu'il en soit, les Hottentots, séduits par l'attrait de nos liqueurs spiritueuses, donnaient tous leurs bestiaux en échange; ils ne tardèrent pas de cette manière à se dépouiller de leurs subsistances. Leur nombre diminua considérablement, et leur faiblesse encouragea les spoliations des Hollandais.

Le gouvernement hollandais prévit que sur un sol aussi fertile, dans un climat assez tempéré, s'il encourageait trop l'esprit d'industrie et l'accroissement de la population, les colons pourraient bien secouer un jour le joug de la métropole. Il crut donc devoir les diviser, afin de les gouverner plus aisément dans sa dépendance. Il favorisa en conséquence la dispersion des habitants sur toutes les parties du territoire, en leur vendant les terres d'autant meilleur marché qu'elles étaient plus éloignées de la ville du Cap. Une loi portait en même temps que la plus petite distance entre deux maisons devait être au moins d'une lieue; mais la disette d'eau ajoutait encore à l'obligation de la loi, de sorte que la plupart des fermes se trouvent éloignées de plus de deux lieues.

Le gouvernement de la colonie connaissait très-peu la géographie de son propre territoire; les renseignements qu'on lui transmettait étaient vagues et inexacts. A peine les Anglais se trouvèrent-ils maîtres du Cap, et y eurent-ils établi le comte Macartney, en qualité de gouverneur, qu'ils suivirent une conduite toute différente. Fidèles à l'esprit de méthode qui les caractérise, ils firent reconnaître avec précision les limites de la colonie, et l'on en dressa une carte.

Il résulte de ce relevé, que le territoire forme un carré long, dont la longueur moyenne est de cent quatre-vingt-neuf lieues, et la largeur de soixante-dix-huit : ce qui forme une superficie d'environ douze à quinze mille lieues. Il est vrai que la plus grande partie du terrain n'est pas susceptible de culture, ni même de servir de pacages aux bestiaux.

Le sol est coupé de diverses chaînes de montagnes, dont les plus remarquables sont le *Zwarteberg* (montagne noire), le *Niewveld-Gebergte* et le *Roggeveld*. Le territoire se divise en quatre districts, administrés chacun par un magistrat civil, nommé *landrost*, assisté de six assesseurs ou *hemraaden*.

Ces districts sont : 1° celui du Cap; 2° celui de *Ztellenbosch* et *Drakensteen;* 3° celui de *Swellendam;* 4° celui de *Graaff-Reynett.*

Le district du Cap est le mieux peuplé et le plus riche : on y remarque deux larges baies nommées l'une la baie de la Table, à cause de la montagne de forme carrée qui la surmonte, l'autre *False-Bay*, ou Baie-Fausse, parce que les marins inexpérimentés la prennent souvent pour l'autre. Toute cette côte, défendue par une garnison nombreuse, par des forts et des batteries, est réputée inexpugnable.

La ville du Cap est la capitale ou plutôt la seule ville de la colonie. Elle est percée de rues droites et parallèles qui se coupent à angles droits. Le nombre des maisons est de mille à douze cents; elles sont régulièrement bâties et proprement entretenues. La plupart des rues contiennent un canal dont l'eau stagnante doit occasionner bien des maladies : mais les Hollandais, accoutumés à voir chez eux des rivières et des canaux, ne veulent pas entendre raison là-dessus.

Les principaux édifices publics sont : un bâtiment destiné ordinairement à servir d'hôpital, et que l'on a changé en casernes; la citadelle, deux églises, dont l'une à l'usage des luthériens, l'autre à l'usage des calvinistes; un bagne où sont employés trois cent trente esclaves au service du gouvernement, et le palais de justice, où l'on plaide et juge, sauf l'appel au gouverneur, toutes les contestations, soit civiles, soit militaires. Il est remarquable que ce tribunal se décide d'après les lois romaines. Ainsi les Romains, après avoir soumis le monde par la force de leurs armes, le régissent encore par la sagesse de leurs lois !

La population de la ville est d'environ quatre mille habitants blancs, deux mille soldats de la garnison et douze mille esclaves.

Les environs sont riches en productions végétales; mais le bois de chauffage y est d'une rareté et d'une cherté extrêmes. On a dans la plupart des maisons un esclave, et même quelquefois deux ou trois, spécialement chargés d'aller en recueillir sur les montagnes. Après un travail pénible de cinq ou six heures, l'esclave rapporte deux petits fagots suspendus aux extrémités d'une perche qu'il porte sur ses épaules. Notez que l'on ne brûle de bois que pour la cuisine, et que, dans ce pays, on n'a presque jamais besoin de se chauffer. Le gouverneur anglais, pénétré de cet inconvénient, a fait chercher des mines de charbon de terre; on en a découvert quelques veines, mais il ne paraît pas qu'on en ait tiré parti.

Les productions les plus précieuses du Cap consistent en vins, qui y sont d'une excellente qualité, notamment ceux de *Constance*. Ils proviennent de deux vignobles, où croît d'excellent raisin muscat. Mais on pourrait croire que la bonne qualité du vin dépend ici, comme partout ailleurs, encore plus de la manière de le faire que de la bonne qualité du terroir. On ne met sous le pressoir que le raisin parfaitement mûr, égrappé, et dégagé de sa queue.

Parmi les animaux que recèlent les cavernes ou les buissons des montagnes, on doit citer le *das* ou *cavi* du Cap, espèce de rat ou de lapin qui a les oreilles courtes et point de queue. On le sert quelquefois sur les tables; mais, en général, sa chair n'est pas estimée. On y voit encore le *grijsbok* (biche grise), qui dévore pendant la nuit les bourgeons et les pampres des vignes.

Une autre espèce du même genre, fort commune sur les sables de l'isthme, a été nommée *duiker*, ou plongeur. Cet animal s'élance au milieu des broussailles d'une façon si étrange, qu'il a l'air d'y plonger. Sa couleur est un brun foncé : il a trois pieds de longueur et deux et demi de hauteur. Le mâle a des cornes noires, droites et presque parallèles, mais s'écartant un peu vers la pointe. Elles ont quatre pouces de long, et sont annelées jusqu'à la base. La femelle est dépourvue de cornes, comme toutes celles des animaux de la famille du cerf. Les physiologistes, qui prétendent tout expliquer, n'ont point encore donné une raison plausible de ce phénomène. Apprenez, mes jeunes lecteurs, à douter des théories plus ou moins brillantes qu'on vous propose.

Les chevaux ne sont point indigènes au Cap : on les y a apportés d'abord de Java, ensuite de toutes les parties du monde, notamment du sud de l'Amérique, où ces utiles animaux sont tellement multipliés, qu'ils sont réduits à l'état sauvage. Les chevaux ne sont pas ici accoutumés à autant de fatigues qu'en Europe : ce sont les bœufs qui traînent les gros chariots, et sont en général chargés des plus rudes travaux de la campagne.

Les oiseaux les plus grands qui habitent le sommet du mont de la Table sont le vautour, l'aigle, le milan et la corneille. Les habitants se reposent sur ces volatiles du soin de nettoyer les immondices.

Les poissons fourmillent sur les côtes et dans les baies : l'énumération en serait trop longue : pendant l'hiver on y pêche des baleines qui ont cinquante à soixante pieds de long, et produisent chacune de six à dix tonneaux d'huile. Ils est remarquable que toutes celles qu'on a prises jusqu'à ce jour étaient des femelles; c'est qu'elles n'entrent probablement dans les baies que pour y déposer leurs petits au milieu des rochers. On y découvre encore des troupes innombrables de veaux marins. Ces animaux, en nageant, ont beaucoup de ressemblance avec le corps humain. C'est peut-être ce qui a donné lieu à la fable des tritons, des sirènes. Du côté de la mer Rouge, certaines peuplades se sont imaginé que ces amphibies étaient des descendants des soldats du roi Pharaon, que Dieu changea en bêtes, après les avoir noyés dans la mer.

Parmi les insectes, ceux qui se font le plus promptement apercevoir des étrangers, ce sont les moustiques : on dit que leurs piqûres sont moins douloureuses que dans la plupart des autres pays chauds : elles occasionnent cependant une petite inflammation.

Enfin le règne minéral offre aussi aux amis de la nature de quoi occuper leurs méditations. La montagne de la Table, flanquée de deux autres hauteurs, qu'on nomme l'une montagne du

Diable, l'autre la Tête du Lion, sont, à cet égard, une mine inépuisable de richesses.

Du haut de ces éminences, l'œil ravi de l'observateur domine sur les plaines voisines, sur la côte de la mer, et l'on aperçoit tous les objets en miniature. Cette diminution est due non-seulement à l'éloignement, mais encore plus à l'obliquité de l'angle sous lequel on voit les objets. C'est ainsi qu'au théâtre les acteurs vus du fond du parterre nous semblent plus grands que des loges ou des galeries, à distances égales.

La montagne de la Table est continuellement environnée d'un nuage que les Français ont nommé, à cause de la forme bizarre qu'ordinairement il affecte, *Perruque de la Table;* mais les Anglais l'ont appelé *Nappe de la Table,* et cette dénomination paraît mieux justifiée par l'analogie.

La législation de cette colonie et ses mœurs sont si douces, que les crimes et conséquemment les exécutions à mort sont très-rares. Les Anglais ont encore adouci ce que les lois pénales avaient conservé de rigoureux. Ils ont, entre autres, aboli la question et le supplice de la roue. Il en est résulté que de deux bourreaux que le gouvernement y entretenait, l'un d'abord fut renvoyé avec une petite pension; l'autre eut peur de n'avoir pas encore assez d'occupation pour lui seul, et prit un parti bien déplorable. Il se transporta chez le premier magistrat, et lui demanda si les supplices de la question et de la roue étaient d'usage en Angleterre. Sur sa réponse négative, il se retira. Quelques jours après, on le trouva pendu dans sa chambre. Le malheureux craignait que son odieux état ne lui donnât pas de quoi vivre. Ne pouvant plus ôter la vie aux autres, il se l'ôta à lui-même.

L'esclavage a été longtemps en vigueur au cap de Bonne-Espérance; mais il eût peut-être été facile de s'en passer, en civilisant les Hottentots. De tous ceux que la colonie renferme, les Malais sont les plus actifs, les plus doux, mais aussi les plus dangereux. Ils sont fidèles, probes, industrieux; mais la moindre injustice les révolte. Une légère provocation suffit pour les jeter dans des accès de frénésie, pendant lesquels on ne saurait les approcher sans danger. L'histoire que l'on va rapporter prouve jusqu'à quel point ils poussent le ressentiment.

Un Malais servait depuis quelque temps son maître avec une fidélité à toute épreuve : il lui avait même payé diverses sommes, provenant de son travail particulier. Il crut en avoir assez fait pour obtenir sa liberté ; mais, à la demande qu'il en fit, il fut refusé.

Le lendemain, il assassina un de ses compagnons d'esclavage. Il fut arrêté, interrogé : quel motif croyez-vous qu'il donna à son forfait? Sa victime était un jeune homme, son ami intime, qui ne lui avait jamais fait de mal; il l'avait tué, dit-il, enfin de faire tort à son maître en le privant à la fois de deux esclaves, de celui qu'il avait tué, et enfin de lui-même, qui ne pouvait manquer d'être pendu. Il se vantait de lui avoir fait perdre par là deux mille rixdales! Quel abominable calcul!

L'éducation de la jeunesse est fort négligée. Les parents n'ont pas d'autre ambition que de faire acquérir à leurs enfants une belle écriture, de les rendre capables de tenir des livres de compte, afin de les faire entrer dans les bureaux de la Compagnie. On regarde en ce pays le plus petit commerce comme une extrême distinction. Le vice essentiel de leur éducation fait que les colons ne montrent pas infiniment de goût dans le choix de leurs amusements; ils ne s'occupent ni d'arts, ni de sciences; ils ne savent que fumer et jouer aux cartes. Il n'y en a point parmi eux de très-riches, mais en revanche il ne s'en trouve guère de pauvres : la mendicité leur est inconnue.

La plupart des habitants ont des chevaux et des voitures; dans ce pays, l'entretien d'un équipage n'est pas fort coûteux. Les carrosses de ville destinés à de petites excursions sont découverts et peuvent contenir les uns quatre, les autres six personnes; mais les voitures destinées à de plus longs voyages sont des chariots légers et recouverts d'une banne de toile. Ils sont assez spacieux pour contenir toute une famille, avec des effets et des provisions pour plusieurs jours. Il est indispensable de se munir de comestibles, car il n'y a point ici d'auberges.

Les voitures sont conduites par une caste particulière d'habitants qu'on appelle *Bastaards*. Ils proviennent de l'union d'une Hottentote avec un Européen, ou avec un esclave malais, ou avec un homme de toute autre nation. Ces hommes, entièrement livrés à cette profession, y sont très-habiles.

Les dames du Cap n'aiment pas à monter à cheval; elles regardent cet exercice comme trop fatigant; cependant, lorsqu'il fait frais, elles font des promenades à cheval, le soir, dans le jardin public. Les jeunes demoiselles doivent faire une exception à ce que nous avons dit sur l'éducation de ce pays : elles cultivent la musique, les langues anglaise et française ; elles font des travaux d'aiguille, de la dentelle, brodent au tambour, etc. Elles se font elles-mêmes leurs modes, et prennent leurs modèles sur les passagères anglaises, qui de temps en temps relâchent au Cap, en se rendant aux Indes.

Ce fut dans le courant de mai 1797, que le comte Macartney vint prendre possession du gouvernement. L'un de ses premiers actes d'autorité fut de réinstaller dans le district de Graaff-Reynett le même *landrost*, qu'avant l'arrivée des Anglais des turbulents en avaient chassé. Il fit accompagner ce magistrat par M. Barrow, son secrétaire particulier. Celui-ci reçut en outre les ordres d'examiner les cantons les plus reculés de la colonie, ainsi que les pays adjacents sur lesquels on n'avait que peu ou point de notions. M. Barrow a depuis publié les détails intéressants de son voyage, tant dans la Cafrerie que dans le pays des *Bochismans*. C'est un résumé de ses observations que nous allons mettre sous les yeux de nos jeunes lecteurs, en laissant parler M. Barrow lui-même.

CHAPITRE II

Voyage du cap de Bonne-Espérance au district de Graaff-Reynett, en traversant le Karroo, ou Désert aride.

Nous nous mîmes en marche au commencement du mois de juillet, et, quoique dans ce pays ce mois fasse partie de la saison des pluies, nous eûmes un beau temps continuel. Notre chariot, traîné par dix ou douze bœufs, contenait un lit, et tout ce qui est nécessaire pour un long voyage. Nous ne marchions que la nuit, afin que, pendant le jour, les bœufs pussent paître en liberté quelques plantes que l'extrême sécheresse avait respectées. Nous arrivâmes le même jour à *Stickland*, à cinq lieues de la ville. Cet endroit est sur un isthme, qui était, dit-on, autrefois couvert par les eaux de la mer. Les débris de végétaux, entraînés par les pluies dans les creux, y forment des tourbières. L'eau qui y séjourne acquiert la couleur du vin; elle devient quelquefois noire. Jamais je n'y ai trouvé de coquillages; mais, quand même j'en aurais découvert, ce ne serait pas à mes yeux un indice suffisant du séjour de la mer. Sur la côte orientale, il s'en trouve, à quelques centaines de pieds au-dessus du niveau de la mer, en quantités suffisantes pour charger des milliers de chariots. C'est surtout dans la profondeur des cavernes qu'on les rencontre; de là on pourrait conjecturer que les premiers habitants de cette contrée de l'Afrique étaient des *Troglodytes*, qui se nourrissaient de poissons crus et de coquillages.

Cette hypothèse paraît d'autant mieux fondée, que les Hottentots peuvent, à certains égards, être considérés comme des descendants de cette nation, qui, si l'on en croit les historiens, ne fut surpassée par aucune peuplade en férocité et en barbarie.

Le fait est que ces débris de coquilles que l'on remarque dans des lieux si élevés ont pu y être portés par des myriades d'oiseaux, dont la côte d'Afrique est couverte. A Musclebay, l'on voit une caverne curieuse qui en renferme de prodigieuses quantités, toutes provenant des diverses espèces de testacés que l'on trouve sur la côte. Ces lits de coquillages sont, en plusieurs endroits, recouverts de couches épaisses d'argile ou de terre végétale. Qu'ils soient l'ouvrage de la retraite des eaux, ou de l'amoncellement successif de particules terreuses et calcaires, de débris d'animaux et de végétaux, il n'en a pas moins fallu pour les former une succession incalculable de siècles.

La montagne de *Simon*, voisine de ce district, a dû son nom à la crédulité d'un des gouverneurs hollandais. Un particulier, ayant fait fondre un certain nombre de piastres d'Espagne, et les ayant converties en lingots, présenta cette masse d'argent au gouverneur Simon, comme un échantillon d'une mine abondante de ce métal, qu'il prétendait avoir trouvée dans cette montagne.

A la vue de preuves qui paraissaient aussi indubitables, le gouverneur et son conseil, transportés d'enthousiasme, firent au particulier des avances considérables, pour le mettre à portée de tirer parti de sa découverte. Pour éterniser la mémoire de cet événement, on ordonna sur-le-champ que le lingot provenant de la mine prétendue serait employé à fabriquer une chaîne pour suspendre les clefs de la citadelle. La chaîne fut faite, et, quoiqu'on n'ait pas tardé à reconnaître la friponnerie, on la conserve encore aujourd'hui comme un monument de la crédulité du gouverneur de ce temps-là, et de son conseil.

A gauche du passage dans la vallée, est une éminence qu'on appelle *Paarlberg*, montagne de la Perle. C'est une chaîne de hauteurs formée de grosses pierres rondes, assez semblables à un entourage de perles. Deux de ces pierres, situées sur la crête de la montagne, se distinguent de toutes les autres, et sont nommées par excellence la *Perle* et le *Diamant*. On croirait que ces pierres sont posées sur leur base, et prêtes à tout moment à rouler du haut en bas. Cependant elles ne sont qu'une saillie de la montagne et adhèrent à sa substance. Ce sont des blocs de granit, qui, suivant un naturaliste européen, ont été lancés par quelque éruption volcanique.

Les habitants de la vallée, divisés en plusieurs paroisses, s'occupent d'agriculture; ils élèvent des bestiaux. Leur principale richesse est la fabrication du vin. Ils ne soutiennent pas les vignes avec des échalas, comme on le fait en Europe, ils les laissent croître en buissons comme des groseilliers.

Quelques fermiers ont établi des distillations d'eaux-de-vie, mais, faute par eux d'employer de bons procédés, ils ne réussissent pas très-bien. Ils confient à un seul esclave la direction d'un appareil d'ailleurs mal combiné. Cet esclave, qui la plupart du temps ne connait rien à ce genre d'opération, s'endort auprès de l'alambic, et l'eau-de-vie se trouve trop brûlée.

C'est aux Arabes que l'on doit la découverte de l'eau-de-vie : cette liqueur serait fort utile, si l'on n'en abusait pas. L'objet principal qu'avaient en vue ces peuples pasteurs, était de transporter leur vin sous un plus petit volume, et de le mettre ainsi à l'abri de la corruption. Ils le distillaient, en recueillaient l'esprit au plus haut degré, et, quand ils le voulaient boire, ils le mêlaient avec de l'eau, comme le pratiquent les marins.

Après avoir parcouru d'autres vallées également fertiles, nous arrivâmes sur les limites du *Karroo* ou Désert aride. Pour le traverser, il fallut nous procurer des provisions de toutes especes, car on ne trouve aucun comestible dans le désert, si ce n'est quelques antilopes[1] que l'on chasse de temps en temps. On n'y rencontre aucune maison. D'ailleurs celles des vallées

1. Espèce de gazelle.

n'offrent pas de grandes ressources aux voyageurs. Les paysans hollandais, nommés *Boërs*, qui les habitent, sont les êtres les plus grossiers et en même temps les plus avares dont on puisse se faire une idée. Maîtres de se procurer en abondance, non-seulement le nécessaire, mais encore des objets de luxe, ils vivent de la manière la plus sordide. Ils ne se nourrissent ni de beurre, ni de lait, ni de vin, quoiqu'ils aient à leur disposition des troupeaux innombrables et de riches vignobles. Ils ne mangent presque point de légumes. L'unique aliment qui couvre leur table, ce sont de grosses pièces de moutons, nageant dans le suif.

Leurs habitations sont aussi grossières que leur genre d'existence. La plupart ne sont point couvertes : celles qui se distinguent par une toiture sont tout simplement recouvertes d'un treillis de bâtons, lesquels supportent des mottes de gazon ou de terre. Un toit semblable sert de repaire à des multitudes de scorpions et d'araignées. Le seul plancher de ces édifices est la terre. On y marche dans la fange, ou bien l'on y est aveuglé par la poussière.

Rarement ces cabanes ont plus d'une chambre ; les meubles y sont en petit nombre. L'ameublement le plus splendide qui les décore consiste en un grand coffre où sont renfermés tous les effets du maître, et deux petites malles de voyage. Les chaises sont garnies de longues courroies de cuir de bœuf. Quant aux fenêtres, elles sont sans vitres, ou, s'il y en a eu autrefois, les débris en sont tellement plâtrés ou réparés avec du papier, que le jour ne peut y trouver d'accès.

Malgré tous ces dehors misérables, le *Boër* n'est pas sans jouissance. Il possède un domaine de plusieurs lieues de superficie. Il y règne souverainement et sans craindre la censure de qui que ce soit. De pauvres esclaves, ou des Hottentots, obéissent à ses ordres absolus. Depuis le matin jusqu'au soir, il fume sans cesse, et ne quitte sa pipe que pour prendre ses repas, faire la *sieste* à midi, et boire le *zopje* (nom qu'ils donnent à un verre de leur eau-de-vie). Ennemi du travail, ne pensant jamais, libre de tout souci et de toute réflexion, se livrant immodérément à tous ses appétits, le colon africain devient une masse informe de chair; il succombe inévitablement à la première maladie inflammatoire dont il est attaqué. Ne préféreriez-vous pas, mes jeunes amis, à l'existence insipide et monotone de ces êtres indolents, celle des manœuvres, qui, pour gagner une modique somme, afin de se soutenir eux et leurs familles, se livrent pendant douze heures de la journée aux plus rudes travaux? Leur genre de vie est pénible sans doute, mais il leur procure le contentement et la santé.

Quant aux habitants plus rapprochés du Cap, ils ont des mœurs moins farouches. Cependant ils sont concentrés, renfermés chez eux, et ennemis de la société. Les voisins, séparés par des intervalles d'une ou de deux lieues, ne se voient presque jamais, si ce n'est pour procéder devant les magistrats; la disposition d'une source ou du cours d'un ruisseau, les limites des propriétés, sont des aliments éternels à leurs contestations.

Il résulte de ce caractère un inconvénient grave; on ne s'occupe ici d'aucuns travaux d'utilité publique. On ne fait ni grandes routes, ni pont sur les rivières. Chacun surmonte comme il peut les difficultés du chemin, et s'embarrasse peu de les aplanir pour ceux qui viendront après lui. Il y a dans une des vallées une rivière qu'on a appelée *Breed-Rivier*, à cause de sa largeur. Pour la passer, les gens de

2

pied s'embarquent dans une espèce de petite nacelle plate, de six pieds de long sur trois de large. Elle est, comme un bac, attachée à une corde fixée entre deux poteaux. Les cavaliers courent encore plus de danger. Il faut d'abord débarrasser de ses harnais le cheval qui passe à la nage : son maître, qui est dans le bateau, le tient par la bride et le dirige.

Le passage des chariots est bien plus difficile. On commence par les décharger, et l'on passe en cinq ou six fois tout le bagage sur la nacelle. Cette opération terminée, on s'occupe du transport du chariot lui-même. Pour cet effet, on en attache une extrémité à la nacelle, l'autre est suspendue à un tonneau vide, de manière que la charrette surnage et reste à flot, sauf les accidents.

C'est ainsi que les voyageurs perdent la moitié de la journée à traverser une petite rivière, large de quinze ou vingt toises au plus, tandis qu'en réunissant plusieurs planches, en forme de radeau ou de bac, on la passerait en cinq minutes, avec les troupeaux, les chevaux et les voitures.

Les paysannes ne sont pas moins paresseuses que leurs maris. Toute l'occupation de la mattresse d'une maison consiste à rester assise auprès d'une table, sur laquelle elle fait continuellement bouillir du café, au moyen d'un petit réchaud. A son immobilité, on la prendrait pour un mannequin, ou pour une statue habillée. Ces femmes, nées dans les déserts de l'Afrique, au milieu d'esclaves abrutis et de Hottentots, ne se font aucune idée des jouissances de la société.

Tous les jours, dans l'après-midi, une esclave leur lave les pieds et les jambes avec de l'eau chaude. La présence d'un étranger ne les détourne pas de ces ablutions. Qu'on ne croie pas, au reste, que l'esprit de propreté préside à cette coutume. L'intention en serait louable; mais il est difficile d'en avoir la persuasion, lorsqu'on voit la cuve passer par rang d'âge à toutes les personnes de la famille, sans que l'on prenne soin d'en changer l'eau.

La plupart de ces paysannes ne portent ni bas ni souliers, même quand il fait froid; seulement elles font usage de chaufferettes.

Les jeunes filles assises, les mains croisées, devant leurs mères, imitent leur indolence. Il n'y en a presque aucune qui sache lire et écrire. L'histoire d'un jour est celle de toute leur existence. L'unique sujet de leurs conversations ordinaires est que tel ou tel est sur le point de faire un voyage à la ville ; que tel autre va se marier ; que les *boschismans* ont enlevé le bétail, ou que les sauterelles ont dévoré la récolte d'un de leurs voisins. Les jeunes gens ne connaissent aucun des rassemblements d'usage en Europe. Les foires, la danse, la musique, tous ces moyens de distraction leur sont étrangers.

Il est vrai que, dans ce pays, où les habitants sont isolés, l'instruction ne peut pas se répandre avec facilité. Quelques colons prennent chez eux une personne à qui ils donnent le titre de *maître d'école*. C'est communément un soldat qui a obtenu son congé. Ses fonctions ne se bornent pas à celles d'instituteur ; il ne doit pas seulement enseigner à lire et à écrire aux enfants, leur apprendre à chanter des psaumes, à réciter des prières, on exige en outre de lui d'autres services, qui semblent incompatibles avec son caractère. Nous avons vu, dans une des habitations, un de ces pauvres précepteurs conduire les chevaux de la charrue, tandis qu'un Hottentot dirigeait fièrement le soc, et semblait avoir sur lui une supériorité marquée.

Les personnes qui n'ont pas assez de facultés

pour se procurer un de ces instituteurs, ou qui le regardent comme inutile, prennent le parti de ne donner aucune éducation à leurs enfants. On leur apprend seulement à bien se servir d'un fusil, à manier un gros fouet avec adresse, à conduire un attelage de bœufs, etc.

Il est bien rare de trouver un seul livre dans les huttes de ces paysans, si ce n'est la Bible, traduite en hollandais ou mise en cantiques. Ils sont du reste fort religieux, et font quelquefois un voyage de plusieurs jours pour assister à l'office divin. Ceux qui, pour venir à la paroisse la plus voisine, seraient obligés de rester quinze jours ou trois semaines en route, s'y rendent une fois par an, avec toute leur famille.

Ces hommes ont cependant une vertu qui doit leur faire pardonner bien des défauts, je veux parler de l'hospitalité. Ils accueillent le premier étranger, comme si c'était un parent ou un ami. Jamais un fermier hollandais ne passe devant une habitation, sans y mettre pied à terre, à moins que ce ne soit chez son plus proche voisin; car il serait presque impossible qu'il ne fût pas en querelle avec lui.

Si deux paysans se rencontrent sur la route, ils se demandent respectivement des nouvelles de leur famille, mettent pied à terre, et se serrent affectueusement la main, quand même ils ne se seraient jamais vus. Un voyageur arrive-t-il dans une habitation, il descend aussitôt de cheval, s'introduit dans la maison, serre la main des hommes, embrasse les femmes, et s'assied sans façon. Dès que la table est servie, il s'y place sans qu'il soit besoin qu'on l'en prie. On ne s'avise jamais de faire un pareil compliment : il est tout naturel que dans un pays où les maisons sont si éloignées, où il n'existe pas d'auberge, un voyageur ait appétit. Aussi le maître de la maison se garde-t-il bien de lui dire : « Voulez-vous manger? » Il lui demande tout bonnement : « Que voulez-vous manger? »

S'il y a un lit dans la maison, on l'offre à l'étranger. S'il n'y en a pas, et c'est le cas le plus commun, il s'arrange comme il peut sur un banc, ou bien il partage un tas de peaux de mouton avec le reste de la famille. Le lendemain matin, après avoir copieusement déjeuné, il prend son *zopie*, fait seller son cheval par son Hottentot, prend la main aux hommes, embrasse les femmes; on lui souhaite un bon voyage, et il part. C'est ainsi qu'un voyageur peut traverser tout le pays.

Les terres du fermier ne sont pas mieux tenues que sa maison. Ceux qui font le commerce des bestiaux ne s'occupent point de semer du grain, ils achètent la provision nécessaire à la consommation de leur famille, en donnant du bétail en retour. Ce qui est encore plus désastreux, c'est que les laboureurs eux-mêmes n'entendent rien à l'agriculture. Ils exploitent une pièce de terre avec une charrue grossière et massive, qu'un attelage de huit, dix chevaux, ou de douze bœufs, a de la peine à traîner. Ils sèment avec tant de profusion leur grain, que la plus grande partie des semailles est perdue : ils ignorent absolument la méthode des engrais; mais lorsqu'ils peuvent disposer de quelques ruisseaux dans les terrains bas, ils arrosent leurs champs d'orge.

Quand la moisson est faite, on la porte dans une aire circulaire et découverte, où des chevaux la foulent sous leurs pieds pour battre les gerbes. Le grain est ramassé, et la paille abandonnée pourrit à la même place, ou bien est dispersée par les vents.

Nous restâmes deux jours dans la vallée de *Hex-Rivier*, occupés à faire nos préparatifs pour la traversée du désert. Nous attendions d'ailleurs deux fermiers de *Graaff-Reynett*, sans lesquels il nous était impossible de nous mettre en marche, car il ne s'agit pas de suivre une ligne droite, mais d'aller de source en source, de fontaine en fontaine. Les gens du pays peuvent seuls diriger vers les endroits où il y a de l'eau.

Leur secours nous était encore fort nécessaire pour nous préserver des Hottentots sauvages, que l'on nomme *boschismans* (hommes des bois). Ces misérables, mus par l'espoir de voler le bétail des voyageurs, se tapissent dans les buissons; ils épient la caravane, et décochent contre les hommes des traits empoisonnés. Il est vrai que les boschismans réussissent rarement dans ces agressions. Ils sont presque toujours découverts par les colons, et massacrés sans miséricorde. Cependant le nom de *boschis* est en exécration dans toute la colonie. Les fermiers leur font une guerre, ou plutôt une chasse continuelle, comme à des bêtes fauves. Ils égorgent sans distinction les coupables comme les innocents, partout où ils les rencontrent. Un paysan de Graaff-Reynett se trouvait, peu de jours avant notre départ du Cap, chez le secrétaire du conseil. On lui demanda si les routes étaient encore infestées de sauvages. Il répondit *qu'il n'en avait tué que quatre*, et il fit cet aveu avec autant d'indifférence et de froideur, que s'il eût été question de quatre perdrix. J'en ai moi-même entendu un autre se vanter d'avoir massacré de sa main plus de trois cents de ces malheureux. Peut-être exagérait-il; car les hommes tirent quelquefois vanité des mauvaises ainsi que des bonnes actions.

Enfin nos deux fermiers nous rejoignirent. Ils amenaient chacun un chariot rempli de leur nombreuse famille, qui consistait en leurs enfants, en Hottentots et Cafres.

Nous partîmes le 12 juillet, et continuâmes sans relâche une route que la chaleur et plusieurs difficultés naturelles rendaient extrêmement pénible. Nous vîmes caracoler sur les montagnes de Geel-beck un petit troupeau de zèbres, dont la robe superbe se faisait remarquer au milieu d'un grand nombre de chevaux sauvages, auxquels les colons ont conservé le nom hottentot de *qua-cha*. Un penchant assez singulier rapproche ces animaux qui, quoiqu'ils diffèrent par la couleur, ont une grande analogie de conformation, et se ressemblent surtout par les longues raies qui sillonnent leur robe. Ce rapprochement avait fait croire d'abord que ce *qua-cha* ou *quouagga* était la femelle du zèbre : on s'est assuré depuis que ce sont des animaux d'une espèce tout à fait distincte. On aurait pu employer utilement le *qua-cha* aux travaux de l'économie agricole. Ce quadrupède est plus beau que le mulet, n'a aucune délicatesse sur le choix de ses aliments, et ne maigrit jamais.

Quant au zèbre, on n'a pu jusqu'ici parvenir à le dompter, soit que cela tienne à un naturel vicieux, soit que les colons hollandais n'aient point employé les expédients convenables.

Je vis un jour, chez le landrost de *Zwellendam*, deux zèbres, mâle et femelle, qu'on s'était efforcé d'apprivoiser. Dans leur jeunesse, ils s'étaient montrés extrêmement doux et dociles; mais, peut-être par défaut de soins, et grâce aux mauvais traitements, ils étaient devenus fougueux et indomptables. Un de nos dragons anglais voulut cependant faire l'essai de la femelle. L'animal rua, se cabra et se coucha par terre ; mais le cavalier ne perdit point contenance, il se tint ferme. Le zèbre, arrivé sur le bord de la rivière, s'élança dans l'eau, et entraîna son cavalier, qui ne lâcha point la bride. Quand ils furent rendus sur l'autre rive, la bête, s'approchant de lui tranquillement, le mordit à la tête, et lui emporta tout à fait l'oreille.

Nous vîmes, dans plusieurs contrées de ces déserts immenses, des autruches déployer au vent leur plumage diapré de blanc et de noir. A ce signal, nos Hottentots reconnurent que leurs nids n'étaient pas loin.

Cet animal semble avoir des mœurs toutes différentes de celles particulières aux oiseaux; il forme entre eux et les quadrupèdes une sorte d'intermédiaire. Les fortes articulations de ses jambes et son pied fourchu lui facilitent en même temps et la fuite et la défense. Ses ailes et ses plumes ne lui servent point à s'élever dans les airs; son cou, semblable à celui du chameau, est couvert de poil. Sa voix est une sorte de mugissement sourd et mélancolique. Enfin il paît l'herbe, à l'instar du zèbre et du qua-cha.

Le mâle de l'autruche se distingue par la couleur de ses plumes, qui est d'un noir brillant, tandis que les femelles sont d'un gris sale Cet animal est polygame. Les mâles ont cinq ou six femelles qui pondent toutes dans le même nid. Avant qu'on eût découvert cette particularité, on croyait que la femelle de l'autruche pondait cinquante ou soixante œufs. Cette erreur a été partagée par le respectable et ingénieux auteur du *Spectacle de la nature* (*l'abbé Pluche*).

Les œufs d'autruche passent pour un mets friand. On a plusieurs manières de les apprêter. La meilleure est peut-être celle des Hottentots. Ils les enfouissent dans la cendre chaude, en passant un petit bâton dans un trou, au haut de la coque; ils remuent la substance intérieure, comme des œufs brouillés, jusqu'à ce qu'ils aient acquis la consistance d'une omelette.

Le canton où nous arrivâmes, le 17, ayant été infesté depuis peu par les boschismans, nous donnâmes des armes à feu à ceux de nos Hottentots qui étaient chargés de surveiller le bétail. Peu de temps après, nous les vîmes revenir avec six étrangers. Ces individus n'étaient pas des boschismans, mais trois esclaves marrons et trois Hottentots, parmi lesquels se trouvait une petite fille de douze ans.

Cette petite troupe habitait depuis peu le désert. Elle y vivait de quelques moutons qu'elle volait la nuit, en rôdant autour des caravanes des bouchers et des fermiers. Las d'un genre de vie aussi précaire, ils furent charmés de le quitter en entrant à notre service.

Le 20, étant arrivés à quelques milles d'un district appelé le Kloof, nous vîmes arriver, au grand galop, un détachement de cavalerie. Quand il eut atteint le premier chariot, il s'arrêta tout à coup, et fit une salve de mousqueterie. Les cavaliers rechargèrent leurs armes, coururent au second chariot, firent une nouvelle décharge, recommencèrent la même cérémonie à chaque voiture, et, repartant au galop par le même chemin, ils disparurent en un clin d'œil.

C'était un honneur que l'on rendait au *landrost*. Une réception aussi amicale, si différente de celle que ce magistrat avait naguère éprouvée dans les mêmes lieux, nous démontra qu'un heureux changement s'était opéré depuis son expulsion, dans les sentiments, ou tout au moins dans la conduite des habitants. Enfin, après une traversée de neuf jours, nous trouvâmes quelques traces d'habitation. On nous y fit l'accueil le plus obligeant. Les colons du pays étaient d'une stature au-dessus de la taille moyenne; vivant dans l'état de nature, possesseurs d'une nourriture abondante, n'endurant ni travail, ni fatigues, ils atteignent la plus haute taille à laquelle l'espèce humaine puisse parvenir.

Après avoir renouvelé nos provisions, nous rentrâmes, le 23, dans le désert. Nous rencontrâmes dans une contrée moins aride, moins stérile que les autres, une foule innombrable de gibier, et notamment plusieurs variétés de la famille des antilopes. La plus remarquable est le *spring-bok* ou antilope sauteur. Cet animal aime la société, et se réunit en troupes considérables. Les paysans assurent en avoir vu quelquefois des troupeaux de dix mille têtes. Son allure singulière lui a fait donner le nom de sauteur. Les muscles de ses jambes ont tant d'énergie et d'élasticité que, d'un seul bond, il franchit quelquefois un espace de quinze à vingt-cinq pieds.

Les colons en font une grande destruction, non-seulement pour se nourrir, mais encore pour s'en procurer les peaux dont ils font des sacs pour contenir leurs provisions, et d'autres meubles. Ils habillent leurs esclaves avec ces mêmes fourrures ; et, lors de la prise de possession du Cap, telle était la pauvreté de la colonie, que les habitants européens n'avaient pas d'autres vêtements.

On me fit voir, sur le bord d'un ruisseau, un gros tas de pierres que l'on me dit être le tombeau d'un Hottentot. Jugeant, à l'élévation du monument, que le défunt avait été un personnage considérable, j'en fis la question à ceux de cette tribu qui nous servaient. Ils me désabusèrent, et me dirent que chez eux aucune distinction ne suivait les morts. Cette élévation de pierres était due à la pieuse prévoyance des amis du mort, qui avaient voulu préserver ses dépouilles des atteintes des loups, des jackals, ou des autres animaux carnassiers. Telle est l'origine des marbres élégamment sculptés qui recouvrent en Europe la tombe des hommes riches ou puissants. Avant d'être un monument de l'orgueil, ils avaient la nécessité pour cause.

Le 30, nous arrivâmes dans le village du Graaff-Reynett, où le landrost fut magnifiquement reçu par les fermiers, à cheval.

CHAPITRE III

Voyage dans le pays des Cafres

Immédiatement après notre arrivée à Graaff-Reynett, celui que les anarchistes avaient mis provisoirement à la place de l'ancien landrost, nous fit des représentations sur la situation fâcheuse où se trouvait le district, à cause des fréquentes incursions des Cafres. Les fermiers demandaient de toutes parts à prendre les armes. Il nous fut aisé de reconnaître que le nouveau landrost, homme faible et sans moyens, avait été trompé par des intrigants, que le but de la guerre contre les Cafres était moins de venger des outrages réels que de s'approprier une partie de leurs riches troupeaux. En conséquence le landrost légitime déclara positivement que son intention était de suspendre les hostilités, et d'aller faire une visite aux chefs des Cafres, afin de terminer, s'il était possible, les différends à l'amiable, et de les faire rentrer sur leur territoire, au-delà de la grande *Fish-Rivier*.

Le village de Graaff-Reynett est situé à environ cinq cent milles (cent soixante lieues) du Cap. Ce n'est qu'un assemblage de huttes de terre isolées, rangées sur deux files, et laissant entre elles une espèce de rue. A l'un des bouts est la maison du landrost, dont l'architecture n'est pas très-brillante. Les cabanes qu'on avait construites pour y placer les bureaux de l'administration tombent en ruines, ou sont tout à fait écroulées. La prison est également construite en terre et couverte de chaume. Mais cet édifice est si peu convenable à l'usage auquel on le destine, qu'un déserteur anglais qu'on y avait enfermé s'échappa pendant la nuit, en passant au travers du toit.

Les hommes qui habitent ces tristes manoirs ont des hôtes fort incommodes : ce sont d'une part des termites ou fourmis blanches qui minent et détruisent le plancher d'argile, et dévorent tout ce qu'elles rencontrent, excepté le bois; et d'un autre côté les chauve-souris qui, pendant le jour, se cachent sous le chaume, et en sortent la nuit, pour voler par essaims dans l'intérieur des habitations. Elles y éteignent toutes les chandelles, et il n'est pas possible d'y conserver de la lumière.

Le village n'est guère habité que par des ouvriers, ou par des employés subalternes du landrost. Son aspect est plus misérable que celui de la dernière bicoque de France ou d'Angleterre. On ne peut s'y procurer qu'avec une difficulté extrême les choses les plus nécessaires à la vie. Ce n'est pas la terrre qui manque, mais l'industrie pour la cultiver.

Les habitants n'ont ni vin, ni bière, ils sont réduits à boire l'eau de la rivière *Sondag*, qui, pendant l'été, est fortement imprégnée de particules salines. Il est difficile de concevoir dans quel dessein on a choisi un pareil emplacement pour la résidence du landrost.

Nous partîmes, le 11 août, pour entrer en conférence avec les Cafres. Nous nous dirigeâmes d'abord vers le sud, en suivant la côte de la mer, à travers un pays qui n'était ni moins dépourvu d'eau douce, ni moins sablonneux, ni moins aride que le grand désert. Nous arrivâmes ensuite au milieu d'une épaisse forêt, dans laquelle on avait percé un sentier étroit. Il fallait employer les plus grandes précautions pour que nos bœufs ne s'enfonçassent point la nuit dans les bois. Ils s'y seraient égarés, ou bien ils seraient devenus le proie des lions. La route était couverte de vestiges encore récents de ces terribles animaux. Il ne se passait pas de nuit que nous ne les entendissions rugir autour de nous. Aux lions se mêlaient d'autres bêtes féroces, non moins avides de proie. Aux cris de leurs redoutables ennemis, nos bœufs frémissaient d'inquiétude; ils faisaient entendre des beuglements craintifs auxquels se joignaient les mugissements des buffles.

Tel était l'agréable concert que nous avions toutes les nuits.

Le 17, nous campâmes sur la rive d'un superbe lac environné d'une végétation florissante. Ce lac contient une eau salée. L'évaporation fait sans cesse précipiter le sel sur les bords, en flocons blancs et légers comme de la neige.

Nous trouvâmes, sur les bords de ce même lac, un fermier qui y campait avec toute sa famille. Dans la nuit précédente les lions lui avaient dévoré deux chevaux. Cet animal, traître et redoutable, est fort nombreux dans ces bois : je dis *traître*, parce qu'il est rare qu'il emploie la force ouverte. Semblable à tous les animaux du genre *felis*, il se tapit dans une embuscade, jusqu'à ce qu'il puisse s'élancer sur sa proie. On assure que, s'il n'a pas bien pris ses mesures, s'il manque son coup, il ne tente pas une seconde attaque; plein de honte et de dépit, il laisse le gibier s'évader.

Le lion est le plus indolent d'entre les animaux de proie. Il ne se donne point la peine de chasser, à moins qu'il ne soit pressé par la faim. Toutefois il mesure fréquemment ses forces avec le buffle; mais il use, dit-on, de stratagème. Il saute sur le dos de sa victime, le mord à la gorge, en lui enfonçant ses griffes sur la face, il l'abat et le cloue en quelque sorte en terre, par les cornes qui s'y engagent. Il ne l'abandonne point que le buffle épuisé ne soit mort après avoir perdu tout son sang.

Les différentes espèces de serpents que l'on rencontre dans ce territoire sont très-dangereuses, à l'exception d'une seule qu'on appelle *boom-slang*, ou serpent des arbres, parce qu'il s'entortille ordinairement autour des grosses branches des arbres. Sa longueur est depuis six jusqu'à dix pieds; sa couleur est d'un bleu d'acier foncé, tirant sur le noir. On prétend qu'il habite les arbres de préférence, afin d'y saisir avec plus de facilité les petits oiseaux dont il se nourrit. Il les attire en quelque sorte à lui, par la férocité même de ses regards.

L'oiseau éperdu, voyant son ennemi en présence, semblable au gibier en arrêt, demeure immobile et n'ose s'enfuir. Bientôt une position aussi fatigante épuise ses forces, il tombe, et devient la proie de l'avide serpent.

De tous les reptiles de ce pays, le plus dangereux est la *couleuvre capelle*. Les Hottentots usent de divers spécifiques pour détruire les effets du venin des serpents. L'antidote le plus accrédité parmi les Hollandais est la *slange-steen*, ou pierre à serpent, qu'ils assurent être infaillible : c'est tout simplement un gros morceau d'un ossement de quelque animal, taillé en ovale, et brûlé sur les bords, de manière à laisser un tache blanche au milieu. Les paysans sont persuadés que cette pierre prétendue se trouve dans la tête des serpents et en conséquence ils la paient fort cher. Ils furent bien étonnés, quand nous leur démontrâmes que le premier os venu, taillé de la même manière, présentait absolument les mêmes caractères. Si ces os brûlés guérissent en effet de la morsure des serpents, il ne faut l'attribuer qu'à leur substance spongieuse, qui probablement absorbe le venin. Dans ce cas, une éponge ordinaire produirait peut-être les mêmes résultats.

La rivière *Camtoos* sert de frontière à la colonie vers l'est. On assure qu'il y a vingt ans ces environs étaient couverts de *kraals* ou villages hottentots, dont les habitants doux et hospitaliers venaient par centaines au-devant des voyageurs. On ne voit plus aujourd'hui un seul de ces villages. Les malheureux indigènes ont été expulsés, et cela sans un grand bénéfice pour leurs oppresseurs, puisque le territoire est absolument désert. Une triste fatalité semble avoir décidé que partout où les Européens s'établiraient, ils détruiraient ou feraient peu à peu disparaître les naturels du pays.

Rien n'égale l'atrocité avec laquelle les colons hollandais traitent les Hottentots qui ont le malheur d'être leurs esclaves. Ils leur infligent, pour la moindre faute, un châtiment épouvantable. La froide tranquillité avec laquelle ils président à la punition, n'annonce pas seulement la perversité de leur cœur, elle est encore souverainement ridicule.

Le maître inhumain ne fait point compter les coups sous lesquels on déchire son esclave; il ordonne seulement que le supplice durera un espace de temps déterminé. Comme on n'a ni montre ni rien d'analogue pour fixer cette durée, la seule mesure qu'ils connaissent, est celle d'un certain nombre de pipes que le maître fume, suivant la gravité du délit. Le gouvernement du district de Malac a aussi adopté la méthode de faire fouetter par le nombre des pipes. Dans ces circonstances, c'est le *fiscal*, le premier magistrat, ou quelqu'un de ses adjoints qui fume.

Le gouvernement hollandais permettait à tous les paysans de disposer en pleine propriété des enfants hottentots qu'ils élèveraient jusqu'à ce qu'ils eussent atteint l'âge de vingt-cinq ans. Mais, à cette époque, le pauvre esclave n'était pas plus heureux ; comme il ignorait son âge, il ne pouvait réclamer sa liberté. Il est vrai qu'on tenait au chef-lieu du district des registres de naissance des Hottentots. Mais ces misérables, ou n'avaient pas le temps d'aller à Graaff-Reynett, ou ignoraient même qu'ils eussent cette ressource pour s'affranchir de la plus dure des servitudes. Dans le cas même où l'esclave recouvrait sa liberté, son sort n'en était pas plus digne d'envie. La plus belle partie de sa vie était écoulée, (un Hottentot commence à vieillir dès l'âge de trente ans) et il se trouvait lancé dans le monde sans appui, sans moyens d'existence, sans autre propriété que la peau de mouton qui lui servait de vêtement.

L'état des Hottentots qui s'engagent à l'année n'est guère meilleur. Lorsque l'engagement est fini, et que le domestique veut quitter son maître, celui-ci y consent sans peine; quelquefois même il le chasse par la violence, mais il garde ses enfants sous prétexte qu'il les a nourris.

Les sauvages manifestent communément leur bonheur par des chants et des danses. Il faut que les Hottentots soient bien misérables, car les arts leur sont presque étrangers. Je n'en ai vu que deux, un jeune garçon et une jeune fille, l'un et l'autre au service d'un des fermiers qui avaient traversé le désert avec nous, qui eussent quelque goût pour la musique. Ils se servaient de deux instruments différents, dont l'un ressemblait à un espèce de guitare. On le nomme *gabowie* en langue hottentote. C'est un morceau de bois creux, sur le manche duquel sont tendues trois cordes.

L'autre instrument est de la plus grande simplicité; c'est un bâton creux, d'environ 3 pieds de longueur, sur lequel on étend une corde de boyau, qui d'un côté est serrée par une cheville et de l'autre aboutit à un tuyau implanté dans le bâton. Pour jouer de cet instrument le musicien souffle dans le tuyau; la vibration de la colonne d'air, et celle de la corde, modifiées a son gré, produisent les différents tons. Le son qui en résulte ressemble assez au bruit sourd d'une musique éloignée, que l'oreille a de la peine à saisir, et dont elle ne peut distinguer les modulations. Ce dernier instrument s'appelle *gowra*.

Nous reçûmes dans les environs des forêts de *Bruynties-hoogte* la visite de quatre ou cinq vieillards hottentots. Ils faisaient partie d'une horde indépendante qui existe, soit des produits de la chasse, soit des secours de leurs enfants esclaves des Hollandais. Ils étaient armés à l'ancienne mode du pays, d'arcs et de carquois contenant des flèches empoisonnées. Ces traits sont de roseau; ils ont deux pieds de long, et sont garnis à l'extrémité d'un os de patte d'autruche, où est incrusté un petit morceau de fer, aiguisé dans la forme d'un triangle équilatéral. Il est joint à l'os par une corde de nerfs qui a encore un autre usage, c'est de retenir le poison dont la flèche est enduite comme d'une espèce de vernis. Cette même corde attache à la flèche une barbelure destinée à la retenir dans la plaie, et à y faire circuler plus sûrement le poison. Ils se servent pour composer ce venin de diverses plantes dont ils font macérer les branches ou les feuilles.

De toutes les substances qu'ils préfèrent pour cet exécrable usage, c'est le pus extrait de la poche vénéneuse des serpents, et mêlé au jus de certaines plantes bulbeuses. N'était-ce pas, hélas ! assez que les hommes inventassent des instruments destinés à se déchirer les uns les autres, sans qu'ils prissent de telles précautions pour rendre la blessure mortelle?

Les vieillards que nous rencontrâmes venaient de tuer un bouc avec une de ces flèches, empoisonnées. L'animal, atteint de cette arme avait encore couru une demi-heure. Pour détruire les effets de ce poison, et manger leur gibier sans danger, ils coupent la chair voisine de la plaie, et expriment soigneusement le sang de toutes les parties du corps.

La communication de ces peuplades errantes avec les Européens a bien changé leurs mœurs et leurs coutumes. Quelques voyageurs, pour embellir leurs récits, ont prêté à ces sauvages des rites religieux, des cérémonies, des usages qui n'ont jamais existé que dans leur imagination. Il n'est pas jusqu'au nom même de *Hottentot* qui ne soit controuvé. Ce mot n'existe pas dans la langue des indigènes : mais, à force de l'avoir entendu prononcer aux Européens abusés, ils se le sont approprié, et croient que c'est un nom hollandais. Ce peuple se divisait autrefois en diverses tribus, qui avaient chacune leur dénomination particulière ; le nom générique de toute la nation était *Guaiquæ*. Ils se le donnent encore entre eux.

On a trop cherché à déprécier les Hottentots. Leur aspect, il est vrai, n'annonce rien en leur faveur, mais ils sont doux, paisible et timides ; ils apportent dans leur commerce beaucoup d'honnêteté et de bonne foi. Quoique flegmatiques à l'extrême, ils sont cependant capables d'un attachement durable. Un Hottentot partage avec ses compagnons jusqu'à son dernier morceau. Les ruses, les artifices qui caractérisent en général les peuplades sauvages, leur sont étrangers. Les accuse-t-on d'un tort dont ils se sont en effet rendus coupables, ils le confessent naïvement. Rarement on les voit s'insulter ou se quereller, Malgré leur timidité naturelle, ils savent affronter les dangers lorsqu'ils sont conduits par leurs chefs. Ils ne manquent pas de talents, mais d'occasions de les exercer; c'est ce qui a engendré parmi eux une indolence dont rien ne peut les guérir, si ce n'est la peur: la faim elle-même ne saurait les tirer de leur apathie. Ils passent volontiers toute une journée sans manger, pourvu qu'il leur soit permis de dormir. Nous avons vu souvent nos Hottentots, après être restés vingt-quatre heures sans manger, aimer mieux s'abstenir de nourriture, que d'aller chercher un mouton à une demi-lieue de distance.

Mais, s'ils savent supporter l'abstinence, ils sont d'une voracité sans égale quand ils en trouvent l'occasion. Dix de nos Hottentots mangèrent en trois jours un bœuf de moyenne taille, et n'en laissèrent que les jambes de derrière.

Il suffit de les voir manger pour se faire une idée de leur gloutonnerie. Ils commencent par diviser toute la chair d'un animal en tranches larges, grandes et plates, puis les découpant en spirales, de la circonférence au centre, ils en forment des lanières de deux ou trois aunes de longueur. Ils en suspendent une partie aux branches des arbres voisins, ils font griller le reste sur un brasier. A peine la viande a-t-elle éprouvé l'action du feu, qu'ils en saisissent une lanière avec les deux mains, et en portent une extrémité dans leur bouche. En un instant une de ces lanières, longue d'une aune, est engloutie. Au lieu de sel, ils assaisonnent tout simplement leurs viandes avec les cendres qui ont servi à les cuire. Ils ont aussi un moyen économique de se passer de serviettes, c'est d'essuyer sur leur corps leurs mains pleines de graisse.

A force de réitérer cette opération, il se forme sur leur corps une épaisse couche de graisse, qu'ils ne prennent pas la peine d'enlever. Il y a mieux : cette graisse, venant à se fondre près du feu, retient la poussière et toutes les ordures qui viennent s'y attacher. Les Hottentots finissent par être couverts d'une sorte de cuirasse, qui empêche absolument de reconnaître la couleur de leur peau, Il n'y a que la figure et les mains, qu'ils se décrassent de temps en temps, en les frottant avec de la bouse de vache. Les substances alcalines que contient cette matière se mêlent avec la graisse, et l'enlèvent aisément.

Rien n'est plus simple que l'habillement d'un Hottentot; c'est un baudrier de peau, auquel ils suspendent un sac oblong de peau de jackal, dont les poils sont en dehors. Un autre morceau de cuir, roide et desséché, pend par derrière au même baudrier. C'est la seule manière dont ils couvrent, jusqu'à un certain point, leur nudité. Les *petits maîtres* de ce pays y joignent un bracelet de verroterie, ou un anneau de cuivre qu'ils portent autour du poignet; mais ces décorations sont plus particulièrement à l'usage du *beau sexe*.

Les Hottentotes, malgré leur accoutrement misérable, n'en recherchent pas moins la parure. Elles sont surchargées de bracelets et de colliers de grains de verre; elles ont un petit tablier orné de larges boutons de métal, de *cauris*, etc. Les dames du bel air ont de plus sur leurs reins une peau de mouton, qui, par son froissement, produit un bruit assez considérable. Aussi cette parure les annonce-t-elle de loin; mais pendant l'hiver, les individus des deux sexes s'enveloppent d'un manteau de peau. Quelques femmes portent des bonnets de peau qui varient suivant leur goût.

Nos jeunes lecteurs n'auront pas manqué de rire de tous ces détails, et de se récrier sur la malpropreté des Hottentots, comme si la graisse dont ils sont continuellement couverts, avait quelque chose de plus dégoûtant que le fard, le vermillon dont plusieurs dames européennes réparent leur teint, que la pommade et les substances huileuses dont nous graissons nos cheveux. Mais cette méthode est commandée par le climat. Les matières grasses empêchent la peau de se dessécher, de se rider par les rayons brûlants du soleil. Aussi les Hottentots sont-ils exempts de ces maladies de peau, et notamment de l'*éléphantiasis* [1], qui affligent souvent les Européens sous la zone torride, parce qu'un semblable préservatif leur répugnerait.

Les jeunes Hottentots n'ont rien de cet aspect repoussant. Leurs membres sont bien proportionnés, mais dépourvus de vigueur. Leur visage est généralement d'une laideur extrême; leurs yeux sont bruns foncés, ils sont longs, étroits, séparés par un grand intervalle; leurs paupières, au lieu d'être conformées comme celles des Européens, ressemblent exactement à celles des Chinois, avec lesquels ils ont d'ailleurs beaucoup d'autres rapports. Leurs dents sont d'une blancheur éclatante. Leur peau est couleur de feuille morte. Leurs cheveux sont

1. C'est une maladie qui rend la peau coriace, tuberculeuse, et à peu près semblable à celle de l'éléphant.

d'une nature bien singulière. Ils ne couvrent point tout le péricrâne, mais ils sont divisés en petites touffes. Quand ils sont coupés courts, ils sont aussi rudes qu'une brosse à souliers; mais ils sont frisés et crépus en petits globules arrondis, de la grosseur d'un poids chiche. Quand on les laisse croître, ils tombent sur le cou en tresses serrées.

Les Hottentots ne sont presque sujets à aucune maladie, mais la décrépitude les atteint de bonne heure. Il est rare d'en voir qui aient soixante ans, mais il est rare aussi d'en voir de boiteux ou de contrefaits. Ils n'ont point de médecin, chacun veille lui-même à la conservation de sa santé.

L'astronomie des Hottentots est extrêmement bornée, ils ont un nom pour le soleil, la lune et les étoiles les plus remarquables; mais la division du temps par les révolutions des corps célestes est une opération trop subtile pour eux. Tous leurs calculs ne s'étendent pas au-delà d'un jour. Pour indiquer une heure quelconque, ils montrent du doigt le point du ciel où le soleil se trouve alors, méthode qui est employée par toutes les nations qui n'ont point de machines pour mesurer le temps. Ils déterminent les saisons de l'année par un certain nombre de lunes avant ou après la récolte d'une racine bulbeuse, qui est l'*iris edulis* et qui fit autrefois leur principale nourriture végétale. Ils négligent aujourd'hui cette plante, mais ils n'en ont pas moins conservé l'habitude de calculer les saisons d'après elle.

Les Hottentots de notre caravane ne pouvaient compter au-delà du nombre cinq ; ils ne pouvaient additionner deux quantités sans employer le secours de leurs doigts.

Au reste, ils s'en faut qu'ils soient stupides. Ils apprennent facilement le hollandais; ils sont excellents tireurs, et trouvent leurs chemin dans les déserts avec une habileté inconcevable. Leur vue perçante découvre le gibier à une grande distance. Par le secours de leur ouïe fine et délicate, ils découvrent un nid d'abeilles. Dès qu'ils entendent le moindre bourdonnement, ils se tapissent derrière un buisson et suivent l'insecte des yeux. Il n'est aucun de nos sens que l'usage ne puisse fortifier et perfectionner.

Leur idiome a été comparé par tous les voyageurs au gloussement d'une poule ou d'un coq d'Inde. Un grand nombre de leurs mots se ressemblent et se prêtent à une multitude infinie d'acceptions, mais il lèvent tout équivoque par la manière dont ils le prononcent, ou plutôt dont ils le chantent. Les Chinois, les Siamois, ont eu recours à un procédé semblable, faute d'avoir su, comme les Européens, ou comme les peuples anciens dont leurs idiomes sont dérivés, imaginer une grande quantité de combinaisons vocales.

Cela vient de ce qu'il est plus facile à l'orgagne de la voix de faire diverses intonations ou modulations, que d'articuler des syllabes. Tous les animaux, à l'exception de quelques espèces d'oiseaux, *chantent*, mais ne parlent pas [1]. On a réussi à faire des instruments de musique, où l'on a déployé toutes les ressources, toutes les richesses de l'harmonie, mais jamais on n'a pu trouver dans la mécanique les

1. J'ajouterai que les perroquets, les sansonnets, les serins, etc., auxquels on apprend à prononcer machinalement certains mots, sans qu'ils en comprennent la signification, font encore entendre une espèce de chant. Ils n'ont point cette articulation franche, précise et presque uniforme qui caractérise les langues européennes, et plus particulièrement la langue française, que l'on parle d'autant mieux, qu'on la prononce sans aucune sorte d'accent.

moyens de faire un instrument à vent, ou autres qui imitassent notre orgagne vocal, qui prononçassent même les cinq syllabes. Les anatomistes connaissent à la vérité la manière dont les dents, le palais et la langue, modifient les différents sons, mais il se passe dans la trachée-artère, dans le *larynx*, quelque chose qui, jusqu'à présent, a échappé à toutes leurs recherches.

Tous les mots de la langue des Hottentots semblent avoir pour origine une sorte d'harmonie imitative. Lorsqu'ils virent pour la première fois les fusils des Européens, ils donnèrent sur-le-champ à cette arme le nom de *kabou*, et la manière dont ils le prononcent en indique si clairement les effets, que les Européens eux-mêmes ne se méprenaient point sur sa signification. En effet, ils proféraient la syllabe *ka* avec un claquement de la langue sur le palais, qui exprimait le bruit que fait la pierre contre l'oreille de la platine Quant à la désinence *bou*, qu'ils prononçaient avec énergie et en ouvrant fortement la bouche, elle imitait, on ne peut pas mieux, le bruit de l'explosion.

Les Européens regardent d'abord comme impossible de prononcer un pareil idiome, mais bientôt ils s'y familiarisent; et les paysans hollandais des districts éloignés du Cap en ont pris une telle habitude, qu'ils en ont fait un mélange avec leur idiome.

Les Hottentots n'ont conservé aucun vestige de religion; ils se marient sans aucun cérémonial, et enterrent leurs morts avec tout aussi peu d'appareil.

Le 29 août, nous quittâmes les bords de la rivière *Zwart-Kop*, et arrivâmes au gué de la rivière *Sondag*. Nous y fûmes, pour la première fois, inquiétés durant la nuit par une troupe d'éléphants. Ces animaux vinrent pour se désaltérer dans la rivière, près du lieu où nous étions campés : mais, voyant la place prise, ils firent paisiblement leur retraite.

Nous trouvâmes, le surlendemain, une habitation sur la rivière *Hassagai-Bosch*. C'était la seconde que nous rencontrassions depuis trois jours. Enfin nous arrivâmes dans le *Zuure-Veldt*, canton le mieux peuplé de tout le district.

Ce fut ici que nous commençâmes nos préparatifs pour entrer dans le pays des Cafres. Une quarantaine de fermiers hollandais nous proposèrent de nous accompagner. Mais, craignant qu'une caravane trop nombreuse n'excitât des suspicions et des craintes, nous nous bornâmes à en prendre quelques-uns. D'ailleurs, personne de notre suite ne connaissait le pays. Nous choisîmes entre autres *Rensburg*, l'un de ceux qui avaient accompagné Jacob *Van-Reenen* dans son voyage sur la côte de l'est, lorsqu'il alla à la recherche des malheureux passagers et de l'équipage du vaisseau naufragé le *Grosvenor*.

Nous ne pûmes toutefois empêcher que dix de ceux que nous avions refusés ne nous suivissent à la dérobée. Faire une partie de chasse, courir loin de chez eux, voir du pays, c'est le suprême bonheur des colons hollandais. Ils étaient d'ailleurs séduits par cette occasion de faire un voyage dans le pays des Cafres, dont ils convoitaient les riches troupeaux.

A peine avions-nous fait quelques milles, qu'un incendie général, qui consumait toute la surface du pays nous apprit que nous étions dans le voisinage des Cafres. Le soir, nous dressâmes nos tentes sur les bords de la *Kareeka*, au milieu de plusieurs centaines de ces indigènes. Une troupe de femmes s'avança pour nous saluer, en dansant et en riant autour de nos chariots. Elles mirent tout en usage pour obtenir de nous du tabac et des boutons de métal.

La bonne humeur, la vivacité et l'enjouement brillaient dans toute leur physionomie. Elles étaient modestes, sans trop de réserve, curieuses sans importunité, vives et folâtres sans indécence.

Elles n'étaient pas précisément belles, mais, abstraction faite de leur couleur noirâtre, plusieurs d'entre elles eussent pu passer pour jolies. Le mouvement rapide de leurs yeux noirs et brillants animait leurs traits. Leurs dents étaient d'une blancheur et d'une régularité surprenantes; elles n'avaient ni les lèvres épaisses, ni le nez aplati des Africains. Les contours de leur tête et l'ensemble de leur visage auraient passé pour agréables parmi les Européens.

Elles se distinguaient surtout par leur vivacité, par une gaieté inépuisable que l'on trouve rarement chez les femmes des nations peu civilisées. Bien qu'elles résidassent dans le voisinage des Hottentots, elles n'en différaient pas moins par leur constitution physique, leur conduite et leur caractère, que si la moitié de la terre les eût séparés. J'avouerai cependant que les jeunes Hottentotes surpassent infiniment en beauté les femmes des Cafres. Ces dernières sont presque toutes d'une petite taille ; leurs muscles sont trop fortement prononcés; mais les hommes étaient les plus beaux que j'eusse encore vus, grands et robustes. Leur manière de vivre leur donnait une démarche ferme et assurée. La franchise, la bonté et l'enjouement se peignaient aussi sur leur figure. La confiance avec laquelle ils se livraient à nous, était la preuve la plus claire que la perfidie leur était inconnue. Un de leurs compatriotes, d'environ vingt ans, haut de six pieds dix pouces anglais (six pieds trois pouces de France) était peut-être la plus belle créature humaine que l'on puisse voir. C'était un véritable Hercule : une statue modelée d'après lui n'aurait certainement point déparé le piédestal de l'Hercule Farnèse.

Il est vrai que plusieurs de ces Cafres ressemblaient à des figures de bronze. Leur peau, d'un noir mat, leurs cheveux courts et frisés, enduits d'ocre rouge, faisaient avec l'ensemble de leurs traits un contraste qui n'était point désagréable. Les femmes avaient un manteau de peau : leur tête était couverte d'un bonnet de cuir, orné de coquilles, de grains de verre ou de morceaux de cuivre ou d'acier poli, diversement arrangés, mais la forme du bonnet était uniforme.

Elles donnèrent à leurs pères et à leurs maris le tabac qu'elles recevaient de nous. Dans l'après-midi, elles nous donnèrent en retour de jolis paniers, façonnés avec des tiges flexibles de *cyperus* (espèce de roseau). Le travail en était si bien fait, qu'ils pouvaient contenir des liquides. Les femmes nous dirent qu'une de leurs principales occupations était la confection de ces paniers ; elles parurent prendre un grand plaisir à nous les voir admirer. Ils étaient tous construits d'après le même modèle, en forme de ruches d'abeilles. Jamais on ne les nettoie ni ne les lave ; il en résulte une sorte de ferment ou levain qui fait cailler sur-le-champ le lait qu'on y dépose. Mais c'est justement ce que se proposent les Cafres, car jamais ils ne mangent le lait autrement que caillé. Ils ne connaissent ni pain, ni légumes, ni racines, excepté les plantes qui croissent spontanément. C'est peut-être par nécessité, afin de prendre des aliments un peu plus solides qu'ils ne veulent point boire de lait frais. Au surplus, leur vigoureuse santé démontre combien cet aliment est sain et nourrissant.

Vers le coucher du soleil, la plaine entière se couvrit de troupeaux de bêtes à cornes, qui obéissaient aux coups de sifflet de leur maître, et revenaient des pâturages. A un second signal, les vaches se séparèrent des troupeaux, et vinrent se faire traire. Le lendemain matin, à un nouveau coup de sifflet, les troupeaux sortirent de leurs étables et retournèrent aux pâturages. Ainsi les Cafres et leur bétail paraissent fort bien s'entendre. Cette occupation et les détails de la laiterie sont confiés exclusivement aux hommes.

Nous n'apercevions aucune cabane appartenant à cette tribu, quoiqu'elle consistât en trois cents personnes au moins, sans compter les enfants que l'on forçait de se tenir à l'écart, Ces huttes étaient cachées au milieu des broussailles, et de la structure la plus simple. C'étaient des tiges de *cépées* ou rejetons, liées par le sommet, et entrelacées de manière à former une sorte de dôme parabolique d'environ cinq pieds de hauteur, sur huit de diamètre. Quelques branches d'arbres et de longues herbes recouvraient ces carcasses qui n'étaient évidemment que des habitations momentanées. Les peuples pasteurs ont pour habitude de ne jamais séjourner longtemps dans le même endroit.

Un de leurs chefs, nommé *Tooley*, vint nous rendre visite, et nous le régalâmes de quelques verres de vin. Nous lui fîmes don de grains de verre et de tabac, mais son plus grand désir était d'avoir une paire de culottes. Nous l'aurions volontiers satisfait; mais, quoique nous eussions parmi nous des hommes d'une haute stature, il n'y en avait aucun dont les habillements pussent convenir à Tooley. Il fallut donc qu'il s'en passât.

Ce chef était de bonne humeur et d'un excellent caractère, mais d'une intelligence très-bornée. Il ne voulut point entrer en pourparlers avec nous sur l'objet de notre voyage; il nous renvoya à son frère *Malloo* l'un des principaux chefs des Cafres. Comme celui-ci était peu éloigné, Tooley lui envoya un messager pour l'inviter à venir nous joindre. Malloo ne tarda pas à paraître, suivi d'un autre chef nommé *Etonie*.

Les négociations s'étant ouvertes, nous leur demandâmes s'ils connaissaient un traité que les chrétiens avaient anciennement conclu avec les Cafres, en vertu duquel la grande *Fish-Rivier* (Rivière des Poissons) avait été fixée comme fontière entre les deux nations. Malloo répondit qu'il s'en souvenait fort bien. Alors on lui demanda pourquoi ils avaient violé ce traité, en dépassant les limites. Il répliqua qu'ils n'avaient fait autre chose qu'imiter les Cafres Hollandais qui avaient les premiers fait infrac-au traité, en allant à la chasse dans le pays des Cafres.

Cette justification était on ne peut mieux fondée, car les colonnes ne s'étaient pas bornés à chasser les *hippopotames* et le gros gibier dont cette contrée fourmille, ils s'étaient encore approprié une vaste étendue de territoire qu'ils avaient ensemencée, ou bien ils y avaient fait paître les troupeaux.

Nous répondîmes que si quelques colons s'étaient permis uue telle violation, ils l'avaient fait sans le consentement du gouvernement; qn'aujourd'hui la colonie était au pouvoir d'un prince magnanime et puissant, le roi d'Angleterre, que son plus grand désir était d'y rétablir l'ordre et la justice; qu'en conséquence on nous avait envoyés pour négocier ce traité avec eux. L'intention du nouveau gouverneur était que ses administrés ne dépassassent plus les bornes prescrites, mais en revanche, il espérait que les Cafres se retireraient dans leur ancien territoire. J'ajoutai que, pour fixer ces conventions d'une manière certaine, nous désirions avoir une entrevue avec leur roi ou grand chef, *Gaïka*.

Ce discours leur causa une inquiétude visible; bientôt nous reconnûmes qu'ils étaient loin de vivre en bonne intelligence avec leur roi, qu'ils avaient même été forcés de se dérober par la fuite aux effets de son ressentiment. Ils prirent alors le rôle de suppliants, et nous prièrent de les réconcilier avec le roi, en nous promettant de se retirer dans leurs possessions, aussitôt qu'il leur enverrait un messager de paix. C'est un héraut qui se fait connaître en posant à terre sa *zagaie* ou javeline à deux cents pas des personnes auxquelles on l'envoie, et en s'avançant vers elles les bras ouverts.

Nous leur promîmes d'employer notre médiation, et nous fîmes à chacun des trois chefs un petit présent qui consistait en tabac, couteaux, briquets, pierres à fusil, amadou, verroteries et autres bagatelles que les colons hollandais ont coutume de leur donner en échange de leurs superbes bestiaux.

Ces trois chefs étaient des hommes vigoureux et bien faits. Etonie surtout pouvait être considéré comme un bel homme. Il avait une physionomie agréable et riante, des yeux vifs et animés, un nez parfaitement à l'européenne, et des dents aussi pures que l'ivoire. Rien ne les distinguait des autres Cafres qu'une petite chaîne de cuivre suspendue sur le côté gauche à une espèce de diadème, composé de petits globes de cuivre enfilés.

Ils étaient, comme leurs compatriotes, vêtus de longs manteaux de peau de veau, bien apprêtée, souple et légère. Ils avaient au bras gauche, un peu au-dessous du coude, de larges bracelets d'ivoire, coupés dans la partie pleine d'une dent d'éléphant. Leurs poignets étaient décorés de bracelets de cuivre ou de fer. Leur cheville du pied étaient chargée d'ornements semblables. Ils étaient encore parés de colliers de verroterie; plusieurs avaient des piquants de porc-épic enfoncés dans leurs oreilles.

Les épouses de ces chefs étaient absolument habillées comme les autres femmes, sans ornements distinctifs. La toilette des femmes cafres ne paraît point être assujetties à des règles fixes. Elles se parent des premières choses qui leur tombent sous la main. Petits grains de verre, anneaux de fer, boutons de cuivre, vieilles boucles de jarretières et autres objets de la même importance, tout était bon pour composer leur parure. Du reste, elles portaient sur elles toute leur garde-robe. Quelques-unes étaient surchargées d'ornements : elles avaient une cinquantaine de colliers de différentes espèces : leurs bras, leurs jambes étaient entièrement couverts d'anneaux de cuivre et de fer ; leurs manteaux de cuir de veau étaient décorés de plusieurs rangées de boutons de toutes les formes ; de sorte qu'on les eût pris pour des échantillons d'un marchand boutonnier. Elles avaient la plupart au cou l'écaille d'une très-petite tortue. Elles y renferment l'ocre rouge dont elles se fardent, et le petit tampon de cuir qui sert à l'appliquer.

Après être restés au milieu de ces bonnes gens assez de temps pour satisfaire notre curiosité, nous continuâmes notre route, en suivant la rivière Kareeka. De temps en temps nous rencontrions de nouvelles tribus et d'immenses troupeaux. Nous comptâmes en un seul jour plus de cinq mille bêtes à cornes. C'étaient des bœufs d'une taille et d'une vigueur prodigieuse, et des vaches qu'on pourrait comparer à celles des cantons les plus renommés de l'Angleterre. Quelques-unes, petites, robustes et dépourvues de cornes, ressemblaient au bétail noir d'Écosse.

Les cornes des bœufs étaient dirigées dans toutes sortes de sens : les Cafres se plaisent à les détourner de leur direction naturelle. Les unes sont recourbées du haut en bas, et se rencontrent sous la gorge de l'animal. D'autres montent perpendiculairement. Celles-ci sont retournées en arrière, celles-là sont horizontales ; quelquefois l'une des cornes est dirigée en haut, l'autre retombe vers la terre, ce qui donne à ces quadrupèdes l'aspect le plus bizarre. Les Cafres viennent à bout de changer ainsi la position naturelle des cornes, à l'aide d'un fer chaud qui amollit la substance de la corne, et permet de la tourner de tel côté que l'on juge à propos. Ils ne veulent élever ni moutons ni chèvres ; après les bœufs, les seuls animaux qu'ils aient, ce sont des chiens.

Nous atteignîmes, le 3 septembre, un passage étroit entre les rochers, où il fallut nous frayer le chemin à coups de haches. Jamais peut-être aucun chariot n'avait jusqu'alors franchi ce défilé. Un seul faux pas, et nos malheureux bœufs tombaient dans un abîme. Nous employâmes deux heures pour descendre au fond de la crevasse. Mais ce n'était pas tout, il fallait remonter, et cette partie de l'opération était la plus difficile. Les pauvres bœufs faisaient en vain tous leurs efforts. Les conducteurs criaient, juraient, et frappaient sans pitié les malheureuses bêtes à grands coups de fouet.

Le premier chariot avait à peine parcouru cinquante toises, que les bœufs, excédés de fatigues, furent hors d'état d'avancer. Je fus alors témoin d'un acte de cruauté que l'on aura sans doute peine à croire, et dont la seule idée me fait frémir.

A l'instant où les bœufs, succombant à l'excès de la lassitude se traînaient à genoux pour retenir les voitures, un des paysans hollandais, dans sa fureur, tira un grand couteau courbe, et extrêmement pointu ; puis il fit à un de ses bœufs, le long des côtes et des cuisses, plusieurs grandes incisions de sept à huit pouces de profondeur. Lorsque l'animal s'agitait, la plaie s'entr'ouvrait de deux pouces. Les os étaient entièrement découverts, le sang jaillissait par torrents. Il fallut cependant que, dans ce pitoyable état, la pauvre bête travaillât encore trois heures, pendant lesquelles on ne lui accorda point de repos. Deux de ces entailles avaient détaché un grand morceau de chair qui n'était plus retenu que par quelques filaments. C'était un spectacle véritablement horrible ; mais je fus bien surpris au bout de trois ou quatre jours de voir que la plaie s'était déjà recouverte d'une nouvelle peau, et que l'animal ne paraissait presque plus souffrir. Comme ces cicatrices sont ineffaçables, il m'a été facile de juger, d'après un grand nombre de traces de ce genre que l'on remarque sur les bœufs du pays, que l'on a trop souvent recours à cet affreux expédient.

J'ai été témoin, par mes propres yeux, d'un trait de barbarie plus cruel encore. Le paysan hollandais ne songea point à choisir les parties les moins sensibles du corps de l'animal, il lui déchira l'extrémité du museau et la langue. Le malheureux bœuf jeta des hurlements épouvantables, rompit l'attelage et se sauva dans les bois.

Est-il croyable que des hommes puissent se comporter avec tant d'insensibilité et de barbarie envers des créatures qui leur sont utiles? Dans le voisinage même du Cap, où l'on devrait s'attendre à trouver plus d'humanité et des mœurs plus douces, un des colons, existant encore aujourd'hui, se vante de faire partir, à volonté, son attelage au grand galop, seulement en menaçant ses bœufs de son couteau, et en le frottant contre les bords de la voiture. J'en ai entendu un autre se vanter d'avoir tellement tailladé un bœuf qui ne pouvait sortir d'un passage difficile, qu'il ne lui avait pas laissé un pied carré de cuir sur tout le corps. Le même homme alluma, dit-on, un jour, un brasier ardent sous le ventre d'un animal qui refusait de marcher.

Comme nous avions l'intention d'examiner l'embouchure de la grande *Fisch-Rivier*, nous crûmes convenable d'envoyer au roi des Cafres deux de nos interprètes, chargés de lui remettre un petit présent, au nom du gouvernement du Cap, et de lui demander la permission d'entrer sur son territoire. Cette démarche n'avait pas seulement pour but de nous assurer de sa protection, mais surtout de lui prouver que les Anglais étaient résolus de suivre strictement les traités. Le lieu de sa résidence était à cinq journées de marche de celui où nous nous trouvions. Nos envoyés étant partis, nous reprîmes notre route.

Le pays que nous traversâmes était fort uni. Dans tous les endroits où les Cafres n'avaient point séjourné avec leurs troupeaux, la terre était couverte d'herbes très-hautes. En nous approchant de la côte, nous observâmes une multitude de feux, vers lesquels nous nous dirigeâmes, persuadés qu'ils avaient été allumés par quelques hordes de Cafres. Le vent soufflait malheureusement contre nous, de sorte que nous ne reconnûmes notre erreur que lorsque nous fûmes au milieu des feux. C'était un de ces incendies si fréquents dans les pays chauds, et auxquels les herbes sèches servent d'aliment. Ces incendies arrivent soit par accident, soit qu'on les fasse naître exprès pour faire croître de nouvelles herbes. Nous ne pouvions voir à dix pas de nous, ni par conséquent juger dans quelle direction nous devions marcher. D'ailleurs cela n'aurait servi de rien, parce que nous dépendions de nos bœufs.

Ceux-ci s'étant brûlé les pieds, devinrent furieux, prirent le galop et s'enfuirent dans le plus grand désordre. Les chiens hurlaient de frayeur, les hommes criaient ; il en résultait une confusion générale. La fumée nous étouffait ; les flammes nous environnaient de toutes parts, et menaçaient de faire sauter notre poudre ; ce qui eût été pour nous le plus grand des malheurs.

L'incendie se propageait dans tous les sens, avec une vitesse inconcevable. Les bœufs, soit instinct, soit par le pur effet du hasard, coururent contre le vent ; c'était le meilleur moyen d'échapper aux flammes, et de marcher sur le sol déjà brûlé. Enfin, nous ne tardâmes pas à nous trouver à l'abri de tout danger, et nous eûmes le bonheur de n'éprouver aucun accident considérable.

Il nous fallut toutefois suivre un espace de plusieurs milles, au milieu de la terre noircie, avant d'arriver à l'embouchure de la rivière que nous cherchions, et d'y planter nos tentes.

L'embouchure de cette rivière (et elle a cela de commun avec tous les fleuves de la côte occidentale de l'Afrique) est obstruée par des bancs de sable. Il n'y règne qu'un canal étroit, assez profond même à la marée basse, pour admettre de petits bâtiments. Au-delà du banc de sable, *Fish-Rivier* a trois ou quatre lieues de largeur et paraît très-profonde. Les deux rives servent de flancs à des collines d'une pente douce, et couvertes d'une végétation florissante. Sur le soir, un grand nombre d'*hippopotames* montrèrent leur tête au-dessus de l'eau, mais ils se tinrent constamment sur la côte opposée, et nos fusils ne purent les atteindre. Leurs traces nous conduisirent à une source d'eau douce, éloignée d'un tiers de lieue de la rivière. Ils s'y rendent toutes les nuits pour boire. Et pourquoi, demanderont peut-être nos jeunes lecteurs, ces quadrupèdes amphibies ne se désaltèrent-ils pas dans la rivière elle-même? C'est que presque tous les fleuves, à leur embouchure, confondent leur eau avec celle de la mer, qu'elle est salée, et d'une qualité nuisible pour les animaux terrestres.

Il est remarquable que la nature semble avoir confiné ces monstrueux animaux dans le lit des grands fleuves, et cependant ils n'en tirent aucune nourriture.

Tant que ces cantons firent partie du territoire hollandais, il s'y trouva en abondance du gibier de toute espèce, notamment des gazelles, charmant petit animal, qui a du rapport avec le chevreuil, et dont quelques-uns de nos jeunes lecteurs auront vu sans doute un individu au Jardin des Plantes. Mais depuis l'invasion des Cafres, le gibier a été exterminé, ou du moins considérablement diminué. Il est vrai que la manière dont les Cafres font leurs chasses est on ne peut plus difficile. Plusieurs centaines d'hommes et d'enfants cernent en entier une vaste plaine où ils savent que paît un troupeau de gazelles ou d'antilopes : puis ils rétrécissent insensiblement le cercle, jusqu'à ce que les pauvres animaux, environnés de toutes parts ne sachent de quel côté s'échapper. Les animaux de la famille des antilopes ont, comme les moutons, l'habitude de se laisser conduire sans réfléchir, et de suivre aveuglément le plus hardi. Les Cafres, qui savent cela, laissent un passage ouvert : une gazelle s'échappe par cet endroit; elle est suivie d'une seconde, d'une troisième; enfin elles arrivent toutes dans un défilé, où des hommes armés de lances se jettent sur elles, et en font une effroyable boucherie. De cette manière ils ont anéanti dans ce canton presque toute la race du *spring-bok*.

Nous côtoyâmes pendant deux jours la rivière, jusqu'à ce que nous eussions trouvé un gué pour la traverser. Trois jours après, nous arrivâmes sur les bords, d'une autre grande rivière nommée *Keiskamma*. La veille, nous avions rejoint un de nos interprètes. Il nous amenait un chef cafre que le roi avait envoyé au-devant de nous, pour nous conduire à sa résidence.

A notre arrivée dans l'endroit où le roi des Cafres séjourne habituellement, nous ne le trouvâmes point, parce que, ne nous attendant que vingt-quatre heures plus tard, il avait été visiter ses pâturages, éloignés d'environ trois ou quatre lieues. Dans le cours de la nuit précédente, les loups avaient fait un grand carnage parmi ses bêtes à cornes. On lui dépêcha un messager pour l'avertir de notre arrivée. En attendant, nous fûmes reçus par sa mère, femme de bonne mine et encore assez fraîche (elle ne paraissait pas avoir plus de trente-six ans); par sa femme, jeune et belle fille, d'environ quinze ans, et par leurs domestiques dont le nombre se montait à une cinquantaine de personnes. Elles firent un cercle autour de nous, et employèrent tous leurs efforts pour nous distraire.

Bientôt après nous vîmes paraître le roi Kaïka. Il arrivait au grand galop sur un bœuf, et était escorté de cinq ou six de ses gens. Il exprima par ses gestes et par ses paroles la satisfaction que lui procurait notre visite. Il nous pria de nous asseoir en cercle autour d'un grand arbre, afin qu'il pût mieux entendre ce que chacun de nous lui dirait. Cela étant fait, nous entamâmes immédiatement les négociations qui faisaient l'objet de notre ambassade, notre interprète lui en avait déjà parlé.

Il nous assura que ceux des Cafres qui avaient passé la frontière n'étaient pas au nombre de ses sujets, qu'ils étaient soumis à des chefs indépendants. Il ajouta qu'à la vérité ses ancêtres avaient toujours occupé le premier rang parmi les princes cafres : mais ceux qui existaient alors avaient la liberté, ou de se mettre sous la protection de sa famille, ou de rester dans une indépendance absolue. Dans le premier cas, il se faisait un devoir de regarder leurs intérêts comme les siens propres; dans l'autre, il ne les avait jamais traités en ennemis.

Il nous dit qu'après la mort de son père, il avait été mis, pendant tout le temps de sa minorité, sous la tutelle de son oncle *Zambie;* qu'à l'époque de sa majorité, le régent s'était refusé à lui rendre le gouvernement; qu'il s'était vu dans la nécessité de l'y contraindre par la force. *Zambie*, vaincu et mis en fuite, avait fait cause commune avec un prince puissant. Il en était résulté une nouvelle guerre où lui Kaïka avait encore triomphé, et fait prisonnier le perfide *Zambie.*

Il finit par nous assurer que jamais il n'avait fait la guerre, ni donné le plus frivole sujet de plainte aux autres chefs au-delà de la *Keiskamma*, et qu'il avait appris avec un grand étonnement qu'ils avaient quitté leur propre territoire pour envahir celui des chrétiens; que, dès ce moment, il avait rompu toute communication avec eux, mais que, voulant prévenir les hostilités, il avait défendu à qui que ce fût de ses sujets de passer la *Keiskamma.*

Nous fûmes surpris de trouver autant de modération et de justice dans un homme aussi jeune, faisant partie d'un peuple que nous autres Européens civilisés rangeons parmi les nations sauvages et barbares. Nous fûmes bien plus surpris encore de savoir de quelle manière ce jeune prince s'était comporté envers l'usurpateur *Zambie*, après l'avoir vaincu. Il lui avait fait rendre tous ses anciens serviteurs, ses bestiaux et ses six femmes. Il lui accordait la même liberté qu'à ses autres sujets, à cela près qu'il le forçait de demeurer avec lui dans le même village, de peur qu'il ne trouvât quelque occasion de lever de nouveau l'étendard de la révolte.

Kaïka avait environ vingt ans, sa taille était haute et bien proportionnée; sa figure était mâle et agréable. Il avait le teint bronzé et tirant sur le noir, mais la peau d'une finesse et d'une douceur extrêmes. Ses yeux étaient d'un brun foncé et très-vifs; ses dents bien placées et blanches comme de l'ivoire. Sa physionomie ouverte et réfléchie annonçait une tête bien organisée. Il conversait avec une maturité étonnante sur les mœurs, les lois et les usages de son pays. Il s'exprimait sans aucune espèce de dissimulation. En un mot, à la pénétration la plus vive il réunissait toutes les qualités aimables. Ses sujets paraissaient l'adorer, et le nom de *Kaïka* était sans cesse dans leur bouche comme dans leur cœur. On voyait qu'ils le prononçaient avec toutes les démonstrations possibles de plaisir et d'attachement.

Sa femme était fort jolie, tout préjugé de couleur à part. Il en avait eu une charmante petite fille, nommée *Jasa*.

Kaïka portait, comme tous les autres chefs, une couronne de grains de cuivre à laquelle pendait, du côté gauche, une chaîne du même métal. Il avait au bras cinq anneaux d'ivoire, et portait au cou un cordon de grains de verre; son manteau était doublé de peaux de léopard, mais la chaleur le lui fit ôter.

Tel était le jeune et aimable prince avec lequel nous avions des affaires importantes à traiter. La négociation fut aussi facile à ouvrir que prompte à se terminer. Elle roula sur les six propositions suivantes :

1° Qu'il enverrait un messager de paix, accompagné d'un de nos interprètes, vers les chefs de la nation qui avaient dépassé les frontières;

2° Qu'à l'avenir, aucun de ses sujets ne pourrait s'avancer au delà des limites fixées, si ce n'est pour porter des messages au gouvernement où à ses employés;

3° Que les Cafres s'abstiendraient de toute communication avec les Hollandais, et que, si quelqu'un de ceux-ci se présentait sur leur territoire, il serait sur-le-champ arrêté et conduit par une escorte suffisante à Graaff-Reynet;

4° Que dans le cas où les accidents ordinaires de la mer jetteraient quelques naufragés sur la côte, on donnerait à ces malheureux tous les secours que l'humanité exige, et qu'on les enverrait à Graaff-Reynet;

5° Que l'on rendrait de même les Hottentots et *Bastaards* appartenant à la colonie, qui chercheraient à s'en échapper;

6° Enfin, qu'il entretiendrait avec le *landrost* une correspondance amicale, et qu'il lui enverrait tous les ans, ou même plus souvent, si cela était nécessaire, un de ses capitaines, avec un hausse-col de cuivre, aux armes d'Angleterre.

Le roi accorda tout cela sans difficulté, excepté le troisième point. Que mes lecteurs relisent cet article, et cherchent à deviner les motifs du prince... C'est qu'il lui paraissait inconvenant que les Cafres osassent commettre le moindre acte de violence envers des hommes aussi supérieurs que des chrétiens. Ainsi non assimilons, dans notre orgueil, ces innocents sauvages aux plus stupides, aux plus vils des animaux, tandis qu'ils nous regardent comme des modèles de perfection. Sans doute on se trompe des deux côtés.

Jamais cette louable modération de la part des Cafres ne s'est démentie envers les colons hollandais. Dans le sein même d'une guerre inique à laquelle ils furent contraints, on les vit respecter les jours des femmes et des enfants de leurs ennemis; tandis que des brigands qui osaient se dire chrétiens, seuls auteurs de toutes ces calamités, égorgeaient leurs victimes, partout où ils les rencontraient, sans distinction d'âge ni de sexe.

Malgré cela, les colons hollandais ne rougissent pas d'entretenir l'opinion accréditée parmi eux, que les Cafres sont une peuplade barbare et inhumaine. Il suffit d'avoir eu occasion de connaître ces bonnes gens, pour ne retenir qu'avec peine son indignation, lorsqu'on entend proférer de semblables calomnies.

Toutes nos affaires étant terminées avec le roi, nous lui fîmes un présent qui consistait en feuilles de cuivre, fil d'archal, grains de verre, couteaux, miroirs, pierres à fusil, briquets, boîtes à amadou et une provision de tabac. Sa mère eut également part à nos libéralités. Elle était la seule de son sexe qui assistât à nos conférences. Les autres, ainsi que l'usurpateur *Zambie*, se tenaient à l'écart.

Le village où nous étions alors n'était pas la résidence habituelle du roi. Il est situé auprès d'un petit ruisseau qui se jette dans la *Keiskamma*. Quarante ou cinquante cabanes, d'une forme absolument semblable aux ruches d'abeilles, en composaient tous les édifices.

La cabane qu'occupait la reine était placée à la tête du village. Elle était plus spacieuse et plus élégante que les autres. Sa hauteur pouvait être de huit pieds, et son diamètre de dix. Pour construire ces huttes, les Cafres élèvent d'abord une carcasse de charpente qu'ils entremêlent d'argile et de bouse de vaches. Le tout est recouvert de nattes d'un tissu fort serré : il n'en faut pas davantage pour empêcher les eaux pluviales d'y pénétrer, et rendre ces habitations très-chaudes.

La reine ne se distinguait en rien des autres Cafrines, si ce n'est que son manteau paraissait mieux travaillé. Il était garni, du haut en bas, de trois rangs de boutons de cuivre si rapprochés qu'ils se touchaient. Les autres femmes n'avaient pas autant multiplié ce genre de décoration. Un semblable vêtement ne laisse pas d'être lourd et incommode, mais jamais elles ne le quittent, même par les plus grandes chaleurs. Il est vrai qu'elles n'ont rien autre chose par-dessous que le pagne ou tablier qui constitue l'habillement principal des Hottentotes. Elles n'ont pas moins de soin à parer leur tête. Les boutons, les boucles, les verroteries, les coquilles brillent sur leurs bonnets de peaux.

On nous avait toujours parlé des Cafres comme d'un peuple agricole : nous ne fûmes donc pas peu surpris de ne voir parmi eux aucune trace de culture ni de jardinage. Sur l'observation que nous en fîmes à Kaïka, il nous répondit qu'à la vérité, en temps de paix, ils cultivaient du millet et diverses sortes de légumes, mais que la guerre dans laquelle ils avaient été engagés pendant trois ans, les avait détournés de l'exploitation de leurs terres. Ils manquaient alors de subsistances, et brûlaient de changer le *Kéerie*, une de leurs armes guerrières, en instruments aratoires.

Le landrost leur ayant promis de leur envoyer du blé et des graines potagères, Kaïka en parut très-content et se livra à l'espoir de voir bientôt ses peuples goûter la tranquillité et le bonheur de la paix.

Le territoire connu sous le nom de Cafrerie ou pays des Cafres, est borné au sud, par la mer; à l'est, par les *Tambookies*, race d'indigènes dont ils diffèrent très-peu; au nord, par les *Boschisman;* et à l'ouest, par la colonie du Cap. Les Cafres vivent en bonne intelligence avec les *Tambookies*, mais ils ne sont pas moins ennemis des *Boschisman*, que ne le sont les Hollandais eux-mêmes. Ils ne sont pas toutefois, à beaucoup près, aussi heureux dans leurs expéditions militaires contre cette peuplade. Les *Boschisman* ont une grande terreur des armes à feu, mais les javelines des Cafres ne leur causent aucune épouvante.

Cette javeline, que les Hottentots appellent *hassagai*, porte chez les Cafres le nom d'*omkontoo* Quand ils veulent la lancer, ils élèvent le bras au-dessus de leur tête, balancent la javeline jusqu'à ce qu'elle soit en équilibre; puis la saisissant entre l'index et le pouce, ils la dardent avec violence. A la distance de cinquante ou soixante pas, ils ne manquent presque jamais leur but, mais plus loin, ils ne sont pas sûrs de leur coup. Du reste, c'est une arme qui est peu dangereuse; rien n'est plus simple que de la parer. Dans les combats, leurs boucliers hauts de quatre pieds et garnis de cuirs de bœuf, les mettent facilement à couvert.

Le *kéerie* est encore moins redoutable que leur javeline. C'est un petit bâton de deux pieds et demi de long, fait avec la racine d'un arbuste. Le bout se termine par un nœud arrondi, très-lourd, et d'environ deux pouces de diamètre. Ils le lancent de la même manière que l'*hassagai*, et sont très-adroits à tuer des oiseaux et de petites gazelles avec cette arme.

L'autre bout du *kéerie* leur sert de bêche en temps de paix. Cette dernière destination semble bien mieux lui convenir.

Tous les Cafres naissent soldats, mais ils n'en exercent la profession que pendant la durée de la guerre. Ils n'ont point, en temps de paix, d'armées permanentes. Jamais ils ne se mettent en campagne pour faire des conquêtes, mais seulement pour se défendre contre une invasion, ou pour venger une injustice révoltante. Leurs mœurs, leur caractère, sont plus convenables à la vie pastorale qu'à la guerre.

Le lait, qui est leur principale nourriture,

contribue pour beaucoup à leur donner de la douceur. La chasse dont ils s'occupent autant par plaisir que par utilité, leur donne une démarche assurée, du courage et une contenance hardie. La crainte est un sentiment qui n'entre jamais dans leur cœur.

En temps de paix, les Cafres s'occupent presque exclusivement d'élever leurs troupeaux. Il est rare qu'ils tuent une pièce de bétail pour la manger, si ce n'est en quelques circonstances particulières. Lorsqu'un étranger de distinction visite un chef cafre, celui-ci choisit le plus gras de ses bœufs, et en régale ses hôtes. Par exemple, le jour où nous quittâmes Kaïka, la curiosité avait attiré dans le village près de mille personnes : le roi fit tuer quatre bœufs, et les leur fit distribuer avant qu'ils retournassent chez eux. Quant à nous, il nous réserva trois pièces de bétail, et ne crut pas compromettre sa dignité, en les choisissant lui-même dans son troupeau.

Parmi leurs bêtes à cornes, je remarquai une espèce qui ne se trouve point sur le territoire du Cap. Ces animaux ont le cou et les jambes fort courts; leurs cornes ont tout au plus huit pouces, et sont presque partout de la même grosseur, depuis la base jusqu'à leur autre extrémité; elles sont recourbées intérieurement vers les oreilles. Ces cornes ne sont point adhérentes au crâne; elles ne tiennent qu'à la peau, et sont si peu affermies, qu'on peut les mouvoir et les tourner dans toutes les directions.

Lorsqu'elles ont atteint leur plus grande longueur, elles retombent sur la face de l'animal, et la frappent quand il marche. On dit que ces bœufs sont excellents pour servir de monture, ou pour porter des fardeaux. On trouve aussi, dans l'Abyssinie, des bœufs à cornes mobiles, mais ils ont sur le dos une bosse qui manque à ceux-ci.

Parmi les absurdités que les Hollandais débitent contre les Cafres, ils les accusent d'étouffer ceux de leurs enfants qui ne naissent pas bien conformés. Je m'en informai à la mère de Kaïka; elle fut extrêmement surprise, et nous assura qu'une femme qui oserait commettre un pareil attentat serait expulsée du pays.

Si les Cafres sont forts et bien constitués, il faut l'attribuer à la simplicité de leur genre de vie; leur repos n'est d'ailleurs troublé par aucune passion funeste. Ils ne connaissent point la mélancolie. Leur physionomie est toujours riante : elle annonce la paix et la satisfaction du cœur.

Quoiqu'ils soient presque noirs, ils n'ont pas la moindre ressemblance avec les nègres d'Afrique. Leurs traits sont, à peu de chose près, les mêmes que ceux des Européens. Leur religion permet la polygamie, mais ils n'ont pour la plupart qu'une seule femme, parce qu'il faut l'acheter. Ils se marient ordinairement avec les jeunes filles de leurs voisins les *Tambookies;* ils donnent en échange des pièces de bétail : ces femmes ne trouvent rien d'humiliant dans un pareil commerce. Elles sont accoutumées à se considérer comme marchandise, et, quel que soit le mari que le hasard leur ait donné, elles ne témoignent aucun mécontentement; elles n'en sont que plus attachées à leur époux.

L'assassinat prémédité est sur-le-champ puni de mort. Si le meurtre est accidentel, ou s'il a lieu dans le cas d'une légitime défense, le meurtrier paie une amende aux parents du mort. L'indemnité est proportionnée au rang que celui-ci occupait. Les chefs n'ont point le droit de vie et de mort sur leurs sujets. Si l'un d'eux donnait volontairement la mort à un Cafre, il serait banni. Le vol n'est puni que par la restitution de l'objet dérobé, et cela prouve qu'il est bien rare, car, sans cela, les voleurs seraient séduits par l'espoir de l'impunité. Jamais, dans aucun cas, on ne met un Cafre en prison.

Ils connaissent plusieurs arts, entre autres celui de forger le fer. Chacun fait soi-même les les ouvrages dont il a besoin. Une pierre tient lieu d'enclume; une autre plus petite, de marteau. C'est avec cet appareil très-simple qu'ils fabriquent leurs lances, leurs chaines ou leurs grains de métal; les plus fameux quincailliers d'Europe ne désavoueraient pas quelques-unes de ces productions. Ils n'ont pas un procédé moins ingénieux pour préparer leurs peaux. Ils se servent pour les coudre, d'aiguilles de fer poli, mais, en guise de fil, ils emploient, comme toutes les nations sauvages, des fibres tendineuses d'une finesse extrême. Dans les premiers temps de la prise de possession du Cap, par les Anglais, le fil de lin ayant décuplé de prix, les colons le remplaçaient par de pareilles fibres.

Lorsque leurs troupeaux ne réclament pas leurs soins, les Cafres se livrent volontiers à la chasse. Le gros gibier, surtout le buffle et l'éléphant sont devenus d'une rareté extrême. Ils ont exterminé presque toute l'espèce des autruches et des *spring-bok*. Ils prennent les éléphants et les buffles dans des fosses recouvertes de branches; les hippopotames tombent quelquefois dans ces piéges; mais la démarche lente et grave de ce quadrupède lui donne plus ordinairement le temps d'apercevoir l'embuscade, et l'empêche de s'y prendre.

Les Cafres ont une manière plus sûre d'en faire leur proie; ils le guettent pendant la nuit, derrière un buisson, et dès qu'ils l'aperçoivent, ils le blessent au genou. L'animal, devenu boiteux, ne peut pas courir bien loin; on le tue à coups de dards.

Les grandes rivières de tout le pays fourmillent de ces animaux; les Cafres ne cherchent pas trop à les détruire, parce qu'ils y trouvent peu d'utilité. Les dents de ce quadrupède sont d'un bel ivoire, mais trop petites pour l'usage qu'en veulent faire les Cafres. La graisse de l'hippopotame ne parait pas leur être aussi agréable qu'aux Hottentots et même aux colons.

Au surplus ils savent bien mettre à profit les

dépouilles du gibier. Les hommes décorent leurs manteaux avec la peau du léopard, et les femmes emploient la peau du chat-tigre, pour se faire des mouchoirs.

Tout commerce étant interdit entre les Hollandais et les Cafres, ceux-ci ne trafiquent qu'avec les *Tambookies*. Outre les jeunes filles, ils leur achètent du fer que cette peuplade reçoit probablement des Portugais établis à *Rio de la Goa*, car ils ne savent pas le fondre, comme on l'a faussement prétendu. L'une et l'autre tribu ne connaissent pas d'autre métal que le fer et le cuivre. Il est véritablement étrange que les Cafres, maîtres d'un pays voisin de la mer, où coulent de grandes rivières, ne s'occupent point de pêche. Selon toute apparence, le poisson leur est défendu par un reste de leurs anciennes idées superstitieuses : le fait est qu'à peine savent-ils ce que c'est qu'un poisson. Ils ne possèdent d'ailleurs ni bateau, ni pirogue, ni radeau, ni rien qui en puisse tenir lieu.

Leur musique n'est pas plus brillante que celle des Hottentots. Un petit sifflet d'os avec lequel ils rassemblent leur bétail, est le seul instrument qu'ils connaissent. Ils ne sont pas plus habiles dans la danse. C'est même, par un singulier contraste, la seule chose qu'ils exécutent sérieusement.

Leur grand plaisir est de se *tatouer*, de se dessiner des figures bizarres sur la peau. Cette méthode a probablement le désœuvrement pour origine.

Il est vraisemblable que les Cafres n'ont pas toujours habité leur pays actuel. Ils se distinguent tellement de tous leurs voisins, par la figure, le langage et les mœurs, qu'on ne saurait les considérer comme aborigènes. Il est bien plus raisonnable de croire qu'ils descendent des anciens Arabes qui se sont répandus sur toute l'Afrique. Ils s'en rapprochent par leur vie pastorale et leur hospitalité envers les étrangers.

Il est vrai que l'Arabie est fort éloignée de la Cafrerie, mais puisque ces peuples nomades ont envoyé des colonies jusque dans les îles au sud de l'Afrique, il n'y a point de raison pour qu'ils ne se soient pas également propagés jusqu'au pays des Cafres. En marchant le long de la mer Rouge, et en suivant la côte vers le sud, on évite le grand désert qui partage l'Afrique, et l'on trouve presque partout des pays habités.

Il est difficile de se faire une idée juste des dogmes religieux d'un peuple, si l'on ne connaît pas bien sa langue. Je n'oserai donc rien affirmer de positif sur la croyance des Cafres. Lorsque nous demandâmes au roi s'il croyait à l'existence d'une puissance surnaturelle, et ce qu'il en pensait, il répondit : « Je crois à l'existence d'un pouvoir invisible qui dispense à son gré les biens et les maux, qui ôte la vie aux hommes avant leur maturité, qui occasionne les vents, le tonnerre et les éclairs, tantôt pour effrayer les humains, tantôt pour les punir. Ce grand être dirige le cours du soleil pendant le jour, et celui de la lune pendant la nuit [1]. » Enfin, ils lui attribuent tout ce qu'ils ne peuvent comprendre, ou qu'ils croient impossible aux hommes d'imiter.

Je fis voir ma montre à *Kaïka*, et son étonnement me prouva qu'il n'avait jamais rien vu de semblable. Il en examina avec attention le

1. Ils croient peut-être que le soleil n'a point de fonctions durant la nuit, non plus que la lune quand il fait jour. Ils ressemblent à cet ignorant qui niait le système planétaire, et soutenait que, le soir, le soleil rétrogradait sur ses pas, pour se retrouver, le lendemain matin, au point d'où il était parti; et que, si on ne le voyait pas revenir, c'était *parce qu'il faisait nuit.*

mouvement intérieur, et voyant que le balancier continuait d'aller sans qu'on y touchât, il se retourna vers les spectateurs, et prononça le mot *feega*, que la multitude s'empressa de répéter avec un signe d'approbation. Notre interprète hottentot ne put nous donner d'autre renseignement sur ce terme, si ce n'est qu'il annonçait une certaine influence exercée par les morts sur les vivants; il le traduisit par *esprit*, et assura que les Cafres emploient cette expression dans leurs serments.

Quand ils jurent par un de leurs parents morts, le serment est réputé inviolable. Ils attachent la même idée de solennité à un engagement pris entre deux personnes qui brisent entre leurs mains un morceau de métal.

Les réponses que fit le roi à nos questions sur l'immortalité de l'âme nous prouvèrent que ces peuples s'embarrassent peu de l'état de l'homme après sa mort. Nous ne pûmes obtenir d'éclaircissements décisifs à cet égard.

Nous ne remarquâmes point chez eux la plus légère trace de l'art d'écrire : cependant leur idiome paraît dériver d'une langue assez parfaite. Leur prononciation est douce et sonore. Elle est à la fois exempte des sons rauques et monotones des idiomes sauvages, et du son nasal et grasseyant de l'idiome hottentot. Les deux langues sont absolument différentes.

J'observerai, qu'à l'instar des Hottentots, les Cafres ont reçu des Européens une dénomination qu'ils n'ont jamais portée [1], et ce qu'il y a de plus singulier, c'est qu'ils ne sauraient prononcer le mot *Cafre*, parce que la lettre R manque dans leur idiome. Leur véritable nom est *Koussie*.

Les Indiens nomment *koffray*, ou *caphyr*, un infidèle, un idolâtre. C'est ainsi que les anciens voyageurs ont appelé la plupart des peuples chez lesquels ils ne trouvaient point de traces de culte extérieur.

Les Cafres se distinguent encore des tribus voisines en ce qu'ils n'enterrent que les corps des chefs et des enfants; les autres cadavres sont abandonnés à la voracité des loups qui s'en emparent et les entraînent dans leurs tan-

1. Il en est à peu près de même du nom que nous donnons à l'*Allemagne* et aux *Allemands*, qui diffère prodigieusement des véritables dénominations, *Deutschland* et *Deutsch*. On croit que le mot d'*Allemands* dérive du nom d'un ancien peuple peu nombreux de la Souabe, qui a été donné à toute la nation.

nières. Il en résulte qu'ils disparaissent promptement.

Par cette raison, les Cafres regardent le loup comme un animal sacré, et n'osent pas le détruire; aussi le pays en est-il infesté.

Quant aux restes des enfants, ils les déposent dans des fourmilières, où les *fourmiliers*, ennemis mortels des insectes qui y résident, ont pratiqué de profondes excavations.

Ceux de nos jeunes lecteurs qui ont quelques notions d'histoire naturelle savent que le fourmilier, le pangolin, le tatou et autres de ce genre, sont des animaux allongés et couverts d'écailles, qui font leur principale nourriture de fourmis. Ils étendent leur langue gluante et visqueuse, à l'ouverture de la fourmilière; ces insectes ne tardent pas à la couvrir entièrement; alors le fourmilier retire sa langue et avale sa proie.

La vie simple, frugale et uniforme de ces peuples les préserve d'une infinité d'indispositions. Toutes les nations chez lesquelles la médecine n'est point érigée en art connaissent peu de remèdes et moins encore de maladies. Nos affaires étant terminées avec le roi des Cafres, nous retournâmes vers le territoire de la colonie.

Dans la première nuit, nous fûmes alarmés par les aboiements de nos chiens. Nous en conclûmes que nous étions observés, soit par les troupes du roi, soit par celles de ses sujets rebelles; mais bientôt la cause de ce désordre nous fut connue. Elle provenait d'une foule innombrable de loups attirés par l'odeur d'un bœuf qu'on avait tué la veille. Ils étaient en si grand nombre qu'ils mirent nos chiens en fuite, et que nos gens eurent bien de la peine à les repousser à coups de fusil.

A notre arrivée à Graaff-Reynett, nous sûmes que, malgré toute la bonne volonté du roi *Kaïka*, les chefs émigrés avaient refusé de repasser la rivière. On fut obligé d'y envoyer un corps de troupes anglaises. Plusieurs combats sanglants eurent lieu, et les Cafres furent enfin forcés d'abandonner le pays. On assure que les fermiers hollandais, qui avaient intérêt à fomenter les troubles, excitaient eux-mêmes les Cafres, et qu'ils se cachaient derrière les buissons, pour tirer sur les Anglais.

CHAPITRE IV

Voyage dans le pays des Boschisman.

Trois semaines environ après notre retour de la Cafrerie, nous nous disposâmes à faire une autre excursion au nord, à travers les *Sneuw-berg*, ou montagnes de neige. Dans cette contrée existe une race d'hommes qui mérite véritablement le nom de *sauvages*. On les appelle dans la colonie *Boschisman*, ou hommes des buissons, à cause de leur habitude de se cacher derrière les broussailles, pour attaquer les voyageurs, ou épier le moment favorable de piller une habitation. Ils vivent, en partie, des productions spontanées du sol, en partie de leurs rapines. Pendant longtemps on les a contenus par des rondes que faisaient les paysans. Mais bientôt ce service militaire a été négligé. Une autre cause a concouru à enhardir les *Boschisman*. Ceux qui étaient réduits en servitude saisissaient la première occasion de s'enfuir, emportaient quelquefois un fusil, de la poudre et des balles, excitaient leurs compatriotes par le récit des mauvais traitements dont on avait usé envers eux, et leur donnaient tous les renseignements possibles sur la position des colons.

Peu de jours avant notre arrivée, un parti de ces sauvages s'approcha du village à la distance d'environ deux lieues, et enleva plusieurs centaines de moutons. Ils se retranchèrent ensuite sur une haute montagne, bravèrent le détachement qui les poursuivait, l'assaillirent à coups de fusil, et finirent par le mettre en fuite.

Il était donc indispensable d'entreprendre une excursion sur ce territoire. 1° Pour reconnaître l'état du pays; 2° pour tenter d'avoir une entrevue avec les principaux chefs des *Boschisman*, et tâcher de les déterminer à renoncer à leurs brigandages.

Nous partîmes le 20 octobre, et traversâmes la rivière *Sondag*. En passant à travers les montagnes, nous trouvâmes des traces toutes récentes du séjour des *Boschisman*. Leurs feux étaient à peine éteints, l'herbe où ils s'étaient couchés ne s'était point relevée. On voyait sur les rochers des figures ou plutôt des caricatures grossières d'animaux qu'ils s'étaient amusés à dessiner avec du charbon, de la terre à pipe et différentes ocres. Il faut avouer cependant que quelques-unes, surtout les antilopes et un zèbre, étaient représentées avec une précision extrême. On y remarquait encore des croix, des cercles, des points, des lignes rangées sur une longue file, et qui semblaient être des hiéroglyphes.

Je vis dans une caverne une espèce d'enduit noir, semblable à du goudron; je voulus en détacher un petit morceau avec mon couteau : ceux qui m'accompagnaient me crièrent bien vite de n'en rien faire, parce que c'était un poison violent, et que la plus petite parcelle qui entrerait dans mon œil m'aveuglerait sur-le-champ.

Nous atteignîmes la maison de *Krüger*, commandant de ce canton; il revenait d'une expédition contre les *Boschisman*, et s'offrit d'y retourner avec nous. Je vis chez lui un de ces sauvages, ses deux femmes et un petit enfant, qui lui étaient échus en partage. L'homme n'avait que quatre pieds cinq pouces anglais (quatre pieds un pouce de France) de hauteur; les femmes étaient encore plus petites. Ce pauvre homme nous dépeignit l'état affreux de ses compatriotes qui sont livrés sans cesse à la plus horrible famine, et sont exécrés de tous leurs voisins. Le moindre souffle, l'agitation du feuillage, le gazouillement d'un oiseau, tout les épouvante; ils croient entendre l'approche de leurs ennemis. Chassés comme des bêtes fauves, ces infortunés sont réduits au désespoir. Le refrain de tous leurs chants guerriers est un cri de vengeance contre les Hollandais.

Nous gravimes, le 23, une montagne escarpée, l'un des points les plus élevés de l'Afrique méridionale; on l'appelle montagne de la *Boussole*, parce qu'il en coule des torrents et des ruisseaux dans toutes les directions, comme si c'étaient les *rumbs* d'un compas de mer.

Il existe dans ce canton bien des personnes qui n'ont jamais vu un arbre de leur vie; le commandant lui-même n'avait pas aperçu de forêt que lorsqu'il nous avait suivis en Cafrerie. Les vents furieux de ce climat s'opposent encore plus que le froid à la croissance des arbres. Le seul combustible dont on se serve est le fumier des bestiaux, desséché et taillé en longs morceaux carrés comme la tourbe d'Angleterre.

Mais si les arbres ne peuvent prospérer sur ce

sol, les graminées et autres végétaux y viennent très-bien ; ils ne redoutent que les sauterelles. Chemin faisant, nous avons vu toute une campagne entièrement couverte de ces insectes voraces. Les pieds de nos chevaux et les roues de nos voitures en écrasaient des milliers. Quand les sauterelles ont détruit tout espoir de récolte, les habitants s'en consolent en disant qu'ils ne mangeront point de pain, et en seront quittes pour tuer le double de moutons.

Nos jeunes lecteurs qui vivent dans des pays tranquilles, où les effets du bon ordre, de la police et d'une sage administration se font sentir, ne se figurent pas l'existence périlleuse des habitants de *Snewberg*. Non seulement ils courent à tout instant le danger d'être égorgés dans leurs habitations, mais ils ne peuvent pas s'éloigner sans armes à cinq cents verges de leur maison. Quand ils vaquent aux travaux de l'agriculture ou du jardinage, il faut qu'ils aient un fusil à la main.

Ce danger continuel les détourne de l'indolence qui caractérise les autres colons hollandais. Les femmes elles-mêmes donnent de nombreux exemples de courage. La femme d'un fermier ayant appris que les *Boschisman* avaient volé plusieurs de ses moutons, s'empara d'un fusil, monta à cheval, suivie d'un seul Hottentot, attaqua les voleurs, les combattit pendant quelque temps, les dispersa, et recouvra sa propriété.

Ces habitants sont soumis, pour les mariages, à une formalité bien inutile et bien ridicule; il faut que les époux, avant de recevoir la bénédiction nuptiale, aillent se faire fiancer au Cap, dans les bureaux de l'administration. Ils sont par là obligés de faire un voyage d'environ deux cents lieues, et quelquefois les frais qu'il exige excèdent leurs facultés.

Le 25, étant arrivés à la dernière habitation de la colonie, nous prîmes une escorte de paysans armés. Le lendemain, nous aperçûmes sur les bords d'une rivière une demi-douzaine de gros buissons peuplés d'un nombre infini de petits oiseaux que les gens du pays appellent *mange-sauterelles*. Ils se donnent bien de garde de les inquiéter, car cet innocent volatile détruit beaucoup de ces insectes.

A considérer leurs nids de loin, on les croirait d'une grandeur prodigieuse, mais on reconnait de près que ce sont de petites cellules réunies, dont chacune est occupée par un de ces oiseaux et sa petite famille. Quelquefois vingt de ces nids sont ainsi rassemblés.

Les sauterelles se multiplient, malgré leurs ennemis, d'une manière extraordinaire. Mais il arrive assez souvent qu'un événement subit en délivre le pays. Dix années avant notre incursion, une bourrasque violente les jeta toutes dans la mer, avant qu'elles eussent eu le temps de déposer leurs œufs. Les vagues les ramenèrent sur la côte où leurs cadavres amoncelés formèrent, dit-on, un banc de trois ou quatre pieds de hauteur, dans un espace de seize à dix-huit lieues. A l'époque de notre passage, elles émigraient vers le nord. Des fermiers nous assurèrent que la colonne entière avait employé plus d'un mois à défiler devant leur habitation.

Nos chasseurs s'amusèrent à tirer différents animaux, entre autres le *gnou*, sorte d'animal d'une vélocité extrême. Nos Hottentots prirent aussi des serpents, qu'ils tuaient instantanément, en appliquant sur la gueule de ces reptiles un peu d'huile essentielle de tabac.

Quelques jours après, nos éclaireurs nous donnèrent avis que nous approchions d'une horde de *Boschisman*. En nous avançant dans les gorges des montagnes, nos oreilles furent frappées de clameurs affreuses, semblables au cri de guerre des sauvages. Les cris perçants des femmes et des enfants s'y joignirent. Je lâchai mon cheval au galop, et courus vers le commandant et un autre fermier, qui faisaient feu sur le *kraal*, ou village des sauvages. Ils m'avaient promis de ne point tirer, et je leur en fis des reproches. « Bon Dieu, répondit le commandant, vous n'avez donc pas vu cette nuée de flèches qu'ils nous ont lancées? » N'ayant rien vu de semblable, quoique son assertion fût vraie, je défendis expressément que qui ce fût tirât un coup de fusil. Mais bientôt après j'entendis, de l'autre côté de la montagne, le bruit d'une arme à feu. J'y courus, et j'aperçus le cadavre d'un *Boschisman*. Il paraît qu'un de nos Hollandais, qui savait un peu la langue de ces sauvages, avait essayé de les déterminer à descendre dans la plaine; mais, pendant qu'il leur parlait, un *Boschisman*, se coulant derrière un buisson, l'avait couché en joue avec son arc; il aurait été victime de son zèle, si un autre paysan n'eût tué le sauvage d'un coup de fusil.

Ce contre-temps nous affligea beaucoup,

mais nous nous rassurâmes, parce que les naturels s'aperçurent bientôt de notre modération. Ils virent qu'au lieu de les poursuivre sur les hauteurs, nous mettions bas les armes, et lâchions nos chevaux dans les pâturages.

Quelques petits enfants vinrent d'abord nous voir dans la plaine; nous les renvoyâmes après leur avoir distribué du biscuit et d'autres bagatelles; des femmes et des jeunes filles descendirent ensuite, toutefois avec beaucoup de circonspection; nous les traitâmes de la même manière, et les priâmes de dire à leurs maris qu'ils pouvaient descendre, que nous leur donnerions du tabac.

Les hommes se montrèrent moins confiants que leurs femmes, et refusèrent de descendre. A la fin, un d'eux se hasarda parmi nous, et fit toutes les démonstrations d'un enfant effrayé. Nous lui fîmes présent d'un gros morceau de carotte de tabac, et il alla de suite rejoindre ses compagnons, en leur disant, de notre part, que nous avions des présents pour chacun d'eux.

Trois autres eurent assez de hardiesse pour descendre, mais nous ne pûmes en attirer un plus grand nombre. Il est vrai que la manière hostile dont nous étions entrés dans leur village n'était pas faite pour les rassurer; mais au reste, l'accueil que nous leur faisions devait leur paraitre bien différent des traitements que les colons exerçaient impitoyablement envers eux.

Nous demandâmes à parler à leurs chefs, mais ils répondirent qu'ils étaient tous égaux, et qu'il ne régnait parmi eux aucune distinction de rang.

Avant de renvoyer ces hommes, nous les chargeâmes de dire à leurs compatriotes que, s'ils voulaient renoncer à leurs déprédations, les colons seraient leurs bons amis; que toutes les fois qu'ils se présenteraient sans armes dans une ferme, on leur donnerait de bon gré plus de moutons que la violence ou l'adresse n'étaient capables de leur en procurer.

Ce village renfermait vingt-cinq cabanes construites d'une natte de paille tendue en voûte semi-circulaire. Leur hauteur était de trois pieds, leur largeur de quatre. Il se trouve au milieu un trou rempli d'herbes sèches, où ces malheureux se couchent repliés, à la manière de certains quadrupèdes. La plupart des hommes avaient deux femmes, dont l'une vieille et l'autre jeune. Les chiens sont leurs seuls animaux domestiques. Les seules provisions que nous remarquâmes dans ces huttes répondaient à l'aspect misérable du lieu. C'étaient de petites racines bulbeuses, des larves de grosses fourmis blanches, et des larves desséchées de sauterelles. Les chiens se nourrissent de ces derniers insectes, et comme ils en trouvent à discrétion, leur embonpoint n'a rien de surprenant.

L'unique parure qu'ils portassent était un baudrier de *spring-bok*, et un morceau de bois, ou un piquant de porc-épic passé au travers du cartilage du nez. Mais les femmes laissaient entrevoir jusque dans leurs grossiers vêtements leur amour pour la toilette. Quelques-unes avaient des bonnets de peau d'âne, façonnés comme des casques. Leur cou était orné de morceaux de cuivre, de coquilles et de grains de verre suspendus à leurs cheveux.

Sous quelque rapport que l'on considère les *Boschisman*, c'est une singulière race d'hommes. Ils sont plus laids qu'aucune nation connue; ils tiennent à la fois des Hottentots et des Chinois, et c'est pour cela qu'on les appelle aussi dans la colonie *Hottentots-Chinois*.

Ils ont le ventre excessivement proéminent, et le dos *concave*. En général, tous les Hottentots sont caractérisés par la courbure de l'épine dorsale et la protubérance du ventre. Les femmes des *Boschisman* sont d'une difformité qu'on ne saurait décrire autrement qu'en les comparant à la figure de la lettre S. Malgré cela, leur agilité est incroyable. En sautant de rochers en rochers, ils courent aussi vite que les antilopes, et les chevaux ne sauraient les suivre dans un chemin tant soit peu inégal.

Nous avons dit que les *Boschisman* ne connaissent aucunement l'agriculture, mais ils déploient pour prendre le gibier une industrie remarquable. Tantôt ils creusent des fosses qu'ils recouvrent avec des bâtons et de la terre; tantôt ils barrent un passage avec plusieurs rangs de pierres, ou bien des palissades de bois, dans lesquelles ils pratiquent des ouvertures. Ils épient le moment où les animaux viennent à passer, pour les frapper plus sûrement avec leurs lances ou leurs flèches empoisonnées.

Des moyens de subsistance aussi précaires les réduisent quelquefois à une extrême détresse; il ne leur reste d'autre ressource que d'aller piller les habitants de la colonie. Ces infortunés ne sont pas seulement excusables par une impérieuse nécessité, mais, en se comportant ainsi, ils ne font en quelque sorte qu'user de représailles. Quels sont ceux sur lesquels ils exercent leurs brigandages? Ce sont les Européens qui les ont chassés de leur pays, qui ont réduit leurs enfants en servitude.

Aussi ne mettent-ils point de bornes à leurs cruautés. Ils massacrent impitoyablement jusqu'à la dernière créature vivante qui appartient aux cultivateurs, sans épargner même les animaux qu'ils dérobent. Ils les privent d'eau et de toute nourriture, jusqu'à ce qu'il leur plaise de les tuer, ou que ces pauvres bêtes soient mortes de faim. Saisissent-ils un des Hottentots commis à la garde des troupeaux, ils lui font subir les tortures les plus raffinées; ils lui arrachent les intestins et les ongles, lui enlèvent la chevelure, et commettent toutes sortes d'atrocités.

Les vexations qu'on leur fait supporter les ont aigris au point qu'ils ont perdu cet esprit timide et pusillanime qui fait le fond du caractère de tous les Hottentots. Quand ils s'aperçoivent que la retraite leur est coupée, ils combattent avec fureur jusqu'à la mort du dernier homme. Quelques-uns même se dévouent bravement pour sauver le reste de la troupe, et surtout les femmes et les enfants. Ils fondent sur leurs ennemis; et, pendant la confusion qu'occasionne le carnage, leurs compagnons parviennent à s'échapper.

Quand ils ont volé des bestiaux, s'ils sont surpris et inégaux en force, ils tuent tout le butin avec leurs flèches empoisonnées. S'ils l'emmènent sans résistance, ils l'égorgent tout entier au milieu de leur *kraal*, et, comme ils ne peuvent consommer assez promptement une si grande quantité de viande, le village devient un cloaque infect. Des milliers de vautours accourent sur les lieux, pour se repaître; et ce signal avertit les colons du lieu où leurs ennemis se sont retirés.

Ils mangent avec une voracité dégoûtante. L'eau est pour eux une boisson insipide; ils usent d'un breuvage qui excite des nausées quand on le leur voit préparer.

Après avoir coupé la gorge à un mouton, ils ouvrent le ventre, afin de laisser pénétrer le sang dans les intestins, qu'ils coupent ensuite avec leurs couteaux. Quand ils ont tout mêlé ensemble, ils y versent une grande quantité d'eau, agitent le tout, et boivent le mélange qui en résulte, avec un plaisir qui prouve combien leur goût en est flatté!

A chaque maladie qu'ils éprouvent, ils se coupent une phalange d'un doigt, à partir du moins utile, qui est le petit doigt de la main gauche. Ils sont persuadés que le principe de la maladie s'écoule avec le sang.

Nous nous avançâmes dans le pays, et rencontrâmes çà et là des traces de *Boschisman*. Nous trouvâmes sur les bords d'une rivière des instruments de pêche qu'ils avaient abandonnés.

Plusieurs animaux curieux et inconnus en Europe s'offrirent à nos regards, et notamment diverses espèces de *caméléons*. Nos jeunes lecteurs savent que cet animal est depuis bien des siècles regardé comme l'emblème de la versatilité, ou plutôt de la flatterie qui imite les goûts, le ton, les manières de celui pour lequel elle prodigue ses bassesses.

Le caméléon est une sorte de lézard [1]; l'opinion générale est qu'il prend ordinairement la

1. Lacerta chamæleon, *Linné*.

couleur des objets sur lesquels il se trouve placé. Cette règle, en l'admettant comme vraie, ne laisse pas d'être soumise à des exceptions. J'ai vu le caméléon rester noir pendant plusieurs minutes sur un fond blanc, et blanc sur un fond noir. Avant de changer de couleur, il éprouve comme des mouvements convulsifs, s'enfle considérablement, et change peu à peu de couleur. De toutes les nuances par lesquelles il passe, les seules durables sont deux petites lignes foncées qui se font remarquer sur les flancs [1].

1. M. d'Obsonville, M. Hasselquist, le docteur Russel, et d'autres voyageurs dignes de foi, nient cette propriété qu'on attribue au caméléon d'affecter la couleur des objets sur lesquels il se trouve, et que M. Barrow, malgré ses doutes, ne paraît pas trop éloigné de croire. Ils disent seulement qu'il change de nuances quand on l'irrite; qu'il passe tour à tour au vert, au bleu, au jaune. Le docteur Russel assure en avoir mis un dans une boîte noire, et cet animal, dont la couleur naturelle est le gris, devint encore plus pâle qu'auparavant. Je pense que l'on doit regarder comme cause principale de ces variations le plus ou moins de force de la circulation du sang. Il est tout naturel que quand on tourmente l'animal toutes les parties de son corps se remplissent de sang, se tuméfient, et offrent les couleurs chatoyantes, comme les appendices de la gorge d'un coq d'Inde. Cette explication ferait disparaître le merveilleux.

Le caméléon se distingue des autres lézards, en ce qu'il grimpe à l'extrémité des branches, s'y soutient avec sa queue, et darde sa langue contre les mouches qu'il attrape au vol. C'est là l'origine de la croyance populaire qu'il se nourrit d'air.

Le 15, nous fîmes une excursion dans les montagnes de *Tarka*, pour chercher, parmi les esquisses que les *Boschisman* ont coutume de tracer sur les rochers, une tête d'*unicorne*, animal qui est devenu extrêmement rare sur le continent de l'Afrique, et qui n'existe que dans les régions que ne fréquentent pas les Européens. Après bien des recherches, nous découvrîmes, au milieu d'une foule d'images plus ou moins fidèles de toutes sortes d'animaux, une tête semblable à celle d'une antilope, avec une seule corne au milieu du front. Malheureusement, on avait effacé le corps et les jambes. Rien n'était plus désagréable qu'un pareil contre-temps. Les paysans, qui ne se faisaient aucune idée de l'importance que je pouvais attacher à trouver une image entière, se mirent à rire de mon chagrin.

Mais, lorsqu'ils m'entendirent assurer que je paierais mille et jusqu'à cinq mille piastres pour me procurer un animal mort ou vivant de cette espèce, rien n'égala l'étonnement stupide qu'ils montrèrent. Ils étaient tout prêts à entreprendre une expédition par delà *Bambos-Berg*, pays où ils avaient la certitude de trouver ce quadrupède.

Le dessin que je m empressai de copier était imparfait, mais il suffisait pour me donner la certitude de l'existence de l'*unicorne;* car de toutes les figures que nous avions vues jusqu'alors aucune n'était monstrueuse, ni l'effet de ce goût bizarre qui porte les Européens à décorer leurs cheminées, les bras de leurs fauteuils, leurs paravents, leurs papiers de tenture, de figures d'animaux qui n'ont jamais existé; elles étaient proportionnées, pour la correction, au talent du dessinateur.

Nos jeunes lecteurs imiteront peut-être ces colons hollandais, et ne concevront pas non plus quel intérêt j'attachais à découvrir un pareil animal, ou même sa ressemblance. Je leur dois une explication.

Plusieurs écrivains de l'antiquité, sacrés et profanes, ont parlé d'un animal, autre que le rhinocéros, qui avait une seule corne toute droite au milieu du front. Les modernes soutiennent que l'*unicorne* ou la *licorne* est un animal fabuleux. On a traité d'imposteurs ceux des derniers voyageurs qui en ont parlé; de sorte que celui qui résoudrait le problème d'une manière incontestable s'acquerrait des droits éternels à la reconnaissance des savants.

Le 30, nous arrivâmes dans une plaine émaillée de superbes fleurs jaunes et odorantes. Des myriades d'abeilles y recueillaient leur précieux butin. Nous avons déjà dit que les Hottentots suivent, à la vue simple, le vol de ces mouches, et parviennent à découvrir leurs ruches; mais les colons ont encore un guide plus sûr, c'est un petit volatile du genre du coucou, que l'on a appelé *indicateur*, parce qu'il indique par ses cris et ses battements d'ailes les lieux où existent les rayons de miel.

On assure (et tant de témoignages confirment ce fait, qu'il est presque hors de doute) que cet oiseau est très-avide de miel; n'ayant pas la force de s'en emparer seul, il accourt au-devant du fermier, lui annonce sa découverte par son gazouillement, et en voltigeant de branche en branche, de buisson en buisson.

Arrivé près de la retraite des abeilles, il

s'arrête tout à coup, et attend que le miel soit enlevé pour se nourrir des restes qui s'en échappent. Ainsi, c'est pour son propre intérêt qu'il rend service à l'homme.

On prétend encore qu'il indique de la même manière les repaires des lions, des tigres, des hyènes et des autres animaux nuisibles. Ici, ce ne serait plus l'égoïsme qui le ferait agir, sa conduite serait absolument désintéressée.

Quoi qu'il en soit de la vérité de ce fait, il est impossible de nier que l'instinct des animaux est admirable : il est toujours en proportion avec le besoin de leur sûreté. Dans l'Afrique méridionale où les oiseaux ont tant à craindre des singes, des couleuvres et d'autres ennemis non moins malfaisants, ils prennent des précautions que n'emploient pas en Europe les individus de la même espèce. C'est ainsi que les moineaux d'Afrique environnent leurs nids d'épines, que les hirondelles ajoutent aux leurs un tube de cinq ou six pouces de long afin d'en rendre l'entrée plus difficile.

CHAPITRE V

Retour à la ville du Cap. Incursion dans le pays des Namaaquas.

Étant revenus à Graaff-Reynett, sans avoir obtenu de notre mission d'autres succès que ceux que nous avons cités plus haut, parce que les *Boschisman* eurent constamment soin de nous éviter, nous en repartîmes le 9 décembre, et trouvâmes toutes les rivières prodigieusement gonflées par les pluies. Cependant le *Karroo*, ou Grand-Désert, était en proie à une affreuse sécheresse.

Le 12 janvier, nous entrâmes dans le district de *Stellenbosch*, et fîmes halte dans un lieu nommé *Bavian's Kloof*, où est établie une société de missionnaires *moraves*[1].

Le lendemain matin, qui était un dimanche, je fus éveillé par un concert de très-belles voix. Je regardai par la fenêtre, et m'aperçus avec étonnement que ces chants provenaient d'un groupe de femmes hottentotes assises par

1. Secte qui a de l'analogie avec les *quakers*.

terre, et qui célébraient l'office divin. Elles étaient toutes proprement vêtues de robes de coton peint. J'en conçus un vif désir de connaître plus particulièrement la nature de l'institution.

Les missionnaires étaient au nombre de trois, d'un moyen âge; tout en eux annonçait la modestie et la décence : ils étaient zélés pour l'objet de leur mission, mais ils n'avaient point cet enthousiasme exagéré qui approche du fanatisme. Leur église était un bâtiment simple et convenable à son objet. Leur moulin à blé valait mieux que tous ceux de la colonie. Leur jardin, on ne peut mieux tenu, leur fournissait en abondance tous les végétaux utiles. Tout ce qui les entourait était l'ouvrage de leurs mains; et, pour se conformer aux statuts de leur société, ils professaient chacun un art mécanique. Le premier était un excellent forgeron, le second un cordonnier, et le troisième un tailleur.

Ils ont déjà réuni en société plus de six cents Hottentots, dont le nombre augmente tous les jours. Chacun habite une petite hutte avec un jardin. Ces cabanes sont fort bien tenues. Les uns travaillent chez les colons du voisinage, à la semaine, au mois, ou à l'année; d'autres fabriquent des balais ou des nattes, élèvent de la volaille, du bétail et des chevaux. Plusieurs d'entre eux, enrôlés au service du gouvernement, ont à *Bavian's Kloof* leurs enfants et leurs femmes.

Le dimanche, ils assistent tous ensemble à l'office divin, et leur conduite est véritablement édifiante.

Concevra-t-on que les paysans hollandais aient vu de mauvais œil une pareille association; que trente de ces misérables aient formé le projet d'égorger les trois bons prêtres, d'enlever et de faire esclaves tous les jeunes Hottentots! Il s'en est cependant fallu de bien peu que cet horrible complot ne fût mis à exécution. Il fut révélé par un des complices, la veille du jour où il devait éclater. Depuis, une lettre sévère du gouverneur, adressée aux autorités du lieu, a assuré la tranquillité des missionnaires.

Nous fûmes de retour au Cap le 18 janvier; deux mois après, on jugea à propos de me charger d'une mission semblable, dans le pays des *Namaaquas*.

Je partis du Cap le 10 avril, dans un chariot

couvert. Douze bœufs vigoureux devaient se relayer pour le conduire. J'avais de plus un esclave, un guide, un Hottentot pour diriger les bœufs, et un seul cheval. Je m'avançai de ferme en ferme, et j'arrivai sur les bords de la *Berg-rivier*. Je contemplai avec admiration et reconnaissance les plaines affreuses, où, guidé par l'amour insatiable des sciences, un académicien célèbre, l'abbé de Lacaille, fit des opérations trigonométriques, pour mesurer sous l'hémisphère méridional la longueur d'un degré du méridien terrestre. Malheur à ceux qui traitent d'inutiles et de frivoles les longues et périlleuses expéditions entreprises par des savants sous tant de climats différents, en Afrique, sur les rives de l'Amazone, en Laponie, sans autre objet que de reculer les bornes de la géologie! Ils ne connaîtront jamais la douce satisfaction que procure la gloire d'avoir fait une découverte dans les sciences.

J'étais déjà à une distance considérable du Cap, lorsque j'entrai dans une misérable chaumière isolée, remplie d'individus des deux sexes qui se livraient à une joie immodérée. Quelle était la cause de tant d'allégresse? Mes jeunes lecteurs auront de la peine à le croire. Le chef de la famille venait de faire un voyage au Cap, et en avait rapporté un baril d'eau-de-vie. L'idée des jouissances que la possession d'un semblable objet devait leur procurer leur inspirait d'avance une gaieté qui n'aura sans doute pas été de longue durée. Car ces paysans, passionnés pour les liqueurs spiritueuses, ne les gardent pas longtemps; une jouissance passagère ne fait que rendre les privations plus pénibles.

Parmi les personnes que l'arrivée du baril d'eau-de-vie avait rassemblées dans cet endroit, je trouvai deux matelots ou soldats déserteurs; l'un était Anglais, l'autre Irlandais. Celui-ci exerçait une singulière profession, c'était celle de devin. Il prétendait, entre autres talents, avoir celui de découvrir des sources d'eau partout où il s'en trouvait, au moyen de sa baguette divinatoire. Il est vrai qu'il prenait si bien ses mesures, et avait tant d'habileté à reconnaître les indices de l'existence des sources, que plusieurs succès l'avaient rendu fameux parmi les paysans. Il en avait obtenu, en retour de ses bons offices, une couple de chevaux, et la valeur de quelques centaines de rixdales. Il parlait fort peu, affectait un air grave, et regardait souvent à travers une lentille de verre. C'était un vieux verre de rebut qui contenait un défaut occasionné par une bulle d'air. Telle est l'adresse du charlatanisme, qu'il sait faire tourner à son avantage précisément ce qui devrait lui nuire. Aussi l'imposteur avait soin de présenter cette défectuosité de sa lentille comme un mérite de plus : il disait que cette bulle d'air était une goutte d'eau qui, par une vertu sympathique, se dirigeait toujours vers son élément naturel. Il allumait les pipes des paysans, en concentrant les rayons du soleil au foyer de ce verre lenticulaire, et excitait un enthousiasme général.

Ma présence ne pouvait manquer de lui être importune. Voyant que je riais des prestiges qu'admiraient si fort les superstitieux colons, il me tira à part, et me conjura au nom du ciel de ne pas lui ôter son pain en dévoilant son imposture. Nous appartient-il bien de rire de la superstition de ces colons africains, lorsque, dans les villes les plus éclairées de l'Europe, nous voyons tant de charlatans faire fortune? Est-il, par exemple, rien de plus ridicule que ces *mathématiciens* des rues, qui prétendent deviner les numéros de la loterie, et donnent à plusieurs centaines d'individus, pour le même tirage, des numéros différents?

Au reste, l'ignorance de ces paysans hollandais n'a rien de surprenant, car il n'y a point d'imprimerie au Cap. Je me trompe, il y existe une petite presse portative, avec laquelle on imprime des cartes de visite ou des billets d'annonce. On a tenté de publier un almanach, mais celui de cette année a commis une bévue qui lui a fait beaucoup de tort. Il annonçait une éclipse de lune, pour la veille du jour où elle serait pleine, et ajoutait qu'elle ne serait point visible au Cap, parce qu'elle aurait lieu dans l'hémisphère opposé. Malheureusement l'éclipse arriva vingt-quatre heures plus tard que l'habile astronome ne l'avait prédit; elle fut de plus très-visible et presque totale. Le calcul des éclipses est une des choses les plus faciles en astronomie; on peut, d'après cet échantillon, juger du profond savoir des faiseurs d'almanachs du Cap.

Nous campâmes ensuite près d'une autre chaumière appartenant à un paysan hollandais. C'était un grand homme sec, vieux, dont la barbe épaisse remontait jusqu'à ses yeux, couvrait toute sa figure d'une sorte de masque et se confondait avec sa chevelure. Notre arrivée parut causer de l'inquiétude à ce pauvre homme, qui n'avait pas coutume de recevoir des étrangers. Nous entrâmes cependant dans l'unique appartement de sa chaumière. Nous aperçûmes dans un coin une vieille Hottentote, toute couverte de suie : une autre femme esclave ne tarda pas à paraître, et son extérieur répondait parfaitement à celui des deux autres personnages.

On alluma du feu avec de jeunes branches; on fit griller sur la braise un quartier de mouton, et ce repas nous fut servi sur un vieux coffre en guise de table. Le vieil avare, ainsi séquestré de toute société, n'en possédait pas moins d'immenses troupeaux, et des capitaux énormes qu'il avait placés à intérêt. J'avouerai, toutefois, qu'il nous rendit tous les services qui dépendaient de lui. Il n'est cependant point sans parents. Il a un frère et une sœur âgés et célibataires, qui vivent comme lui séparément, et sans voir d'autres figures humaines que des Hottentots. Ils sont d'ailleurs proches parents d'un des plus riches particuliers du Cap.

Tout ce pays appartenait autrefois aux *Namaaquas;* les Hollandais, après s'être approprié les meilleurs terrains, leur ont permis d'élever des huttes dans le voisinage de leurs fermes, à condition qu'ils leur fourniraient un certain nombre d'hommes pour défendre leurs troupeaux contre les incursions des *Boschisman* et contre les bêtes féroces. Encore douze ans peut-être, et les restes de la nation entière des *Namaaquas* seront entièrement détruits ou soumis au plus dur esclavage. Tel est le funeste effet du misérable calcul du gouvernement, qui ne rougissait pas de profiter de la passion des naturels pour l'eau-de-vie, et surtout de leur imprévoyance, pour leur acheter des troupeaux de bêtes à cornes, au prix d'une seule barrique d'eau-de-vie. Les colons hollandais trouvaient eux-mêmes de l'intérêt à empiéter sans cesse sur le territoire de leurs innocents voisins, à se rapprocher d'eux le plus qu'ils pouvaient, parce qu'avec une bouteille d'eau-de-vie, qui ne vaut que vingt-quatre sous, ils se procuraient dans les commencements un bœuf superbe; aujourd'hui encore, on se procure un mouton au même prix.

Les Hottentots *Namaaquas* diffèrent très-peu des autres peuplades de la même race; mais leur langage n'est pas à beaucoup près le même, quoiqu'il dérive évidemment de la même source, et qu'il présente ce claquement de langue particulier à l'idiome hottentot. Les *Namaaquas* sont plus grands, mais moins robustes que les naturels des régions de l'Est. Quelques-unes de leurs femmes sont belles et jolies. Elles se distinguent par une agilité et une vivacité singulières. Elles ont, comme les Hottentotes de l'Est, des tabliers de cuir carré, parsemés de grains et de coquillages. Elles y suspendent, de plus, quatre, six, huit ou dix chaînes (toujours en nombre pair) dont l'extrémité touche la terre. Les anneaux supérieurs sont de cuivre, ceux d'en bas de fer poli. Elles les achètent des *Damaras*, autre nation dont je vais bientôt parler.

Les huttes des *Namaaquas* ne ressemblent point à celles ni des Hottentots de la colonie, ni des *Boschisman*, ni des Cafres. Ce sont des hémisphères parfaits, couverts de nattes de joncs, montées sur une carcasse de baguettes semi-circulaire, disposées comme les cercles d'une sphère artificielle. Leur diamètre est de dix à douze pieds; elles sont d'une construction si ingénieuse et si commode, que les paysans de ce district les ont imitées.

Les Namaaquas se livrent, comme les Cafres, à l'éducation des bestiaux; ils se plaisent aussi à changer, par des procédés artificiels, la direction des cornes de leurs bœufs.

Rien n'est plus ridicule et plus repoussant que l'aspect d'une vieille femme namaaqua, si ce n'est celui d'une vieille paysanne hollandaise de ce canton. La première est d'une maigreur affreuse, la seconde est, dans toute l'acception du terme, aussi ronde qu'une boule.

On trouve sur ce territoire une plante bulbeuse nommée *disticha* par les botanistes, dont l'oignon et les feuilles recèlent un poison subtil. Le sang d'une grosse espèce d'araignée n'est pas moins dangereux. Les *Boschisman* en enduisent leurs flèches, mais les *Namaaquas* ne font aucun usage de ces poisons, quoiqu'ils en connaissent bien la force. Il est vrai que l'arc et les flèches sont devenus pour eux des objets inutiles. Tout le gibier a déserté le pays.

Peu de temps avant notre arrivée, un lion

avait causé dans ce pays une alarme qui n'était pas encore calmée. Un Hottentot, domestique d'un fermier, essayait en vain de conduire à l'abreuvoir les bestiaux de son maître : les animaux donnaient des signes non équivoques de frayeur, et refusaient de marcher. Enfin le Hottentot aperçut au milieu de l'étang un lion monstrueux qui jetait sur lui des regards terribles. A cet aspect, saisi d'épouvante, il prit la fuite, sans songer à la conservation du bétail. Il ne perdit toutefois pas la tête, et eut la présence d'esprit de traverser tout le troupeau, espérant que si le lion le poursuivait, il s'assouvirait sur la première proie qu'il rencontrerait.

Son calcul se trouva cependant faux. Le lion passa au travers du bétail, et s'attacha à suivre le seul Hottentot. Celui-ci, s'étant retourné, fut bien effrayé de voir son ennemi près de lui. Il ne lui restait plus d'autre ressource que d'escalader un grand aloès; il y grimpa facilement à l'aide d'entailles qu'on avait faites dans le tronc pour dénicher plus aisément les oiseaux. Le lion furieux s'élança sur sa proie; mais il manqua son coup, et tomba au pied de l'arbre. Il en fit le tour en silence, en jetant de temps en temps des regards terribles sur le pauvre Hottentot qui se cachait de son mieux derrière des nids d'une espèce de *gros-becs*, nommée par les naturalistes *loxia socia*, parce que, comme le *mange-sauterelle* dont nous avons parlé, ces volatiles vivent en société. Le groupe de nids qui existait sur cet arbre avait dix pieds de diamètre, et contenait plus de sept cents individus. Quelque temps après, n'entendant plus rien au-dessous de l'arbre, il baissa doucement la tête; mais quelle fut son épouvante, quand ses yeux rencontrèrent ceux de l'animal terrible, qui semblaient lancer des étincelles! Bref, le lion s'était patiemment couché au pied de l'arbre, et il y demeura vingt-quatre heures; il ne quitta son poste que pressé par le besoin de se désaltérer. Le Hottentot saisit ce moment favorable, et s'enfuit à toutes jambes vers l'habitation de son maître, qui heureusement n'était distante que d'un tiers de lieue. Telle fut la persévérance du lion, que l'on reconnut à ses traces qu'il était revenu à l'arbre, et avait suivi son homme à la piste, jusqu'à trois cents pas de la maison.

Il semble bien constant que le lion préfère la chair du Hottentot à celle de toute autre créature. Quand il attaque une caravane, il laisse les Hollandais, et se jette de préférence sur les Hottentots. C'est peut-être parce que les premiers sont habillés, et les derniers au contraire enduits de graisses dont l'odeur flatte probablement leur appétit. Après la chair du Hottentot, celle du cheval est la nourriture pour laquelle le lion montre une prédilection marquée. Quant aux moutons, il est rare qu'il les attaque; il est trop paresseux pour prendre la peine de les dépouiller de leur toison.

La pluie nous força de nous mettre à l'abri dans un kraal, habité par une horde mêlée de *Namaaquas* et de *Bastaards*. Le chef en était *Bastaard;* il était grand amateur de la chasse, et se vantait d'avoir tué dans une seule excursion sept girafes et trois rhinocéros blancs. Nous vîmes dans ce même endroit un homme de la tribu des *Damaras*, qu'au premier abord je pris pour un Cafre. Il me dépeignit sa nation sous des couleurs bien misérables. Leur pays, situé sur le rivage de la mer, ne produit aucuns végétaux, pas même des pâturages. Leur unique ressource est dans leur industrie. Ils fabriquent des anneaux de fer ou de cuivre, qu'ils vendent à leurs voisins. Les montagnes des environs abondent en mines de cuivre, et l'on trouve ce minerai à la superficie même du sol, sans avoir besoin d'y creuser. Les *Damaras* savent fondre et purifier la mine de cuivre par un procédé fort simple. Ils font une espèce de charbon avec le bois d'un arbre de la famille des *mimosa*. Ils déposent, sur un fond d'argile environné de parois de pierres, des couches alternatives de minerai et de charbon. Ils mettent après cela le feu au charbon, et le soufflent avec des sacs de peau d'antilopes, auxquels ils adaptent des cornes creuses du même animal pour servir de tuyau. Ce minerai, que les métallurgistes nomment mine vitreuse de cuivre, est bien plus fusible que le cuivre ordinaire. Dès que ce métal est fondu, ils le forgent en chaînes, en anneaux et en bracelets, sans autres outils que deux pierres, dont l'une sert d'enclume, l'autre de marteau. Cependant leurs ouvrages seraient avoués par les plus habiles ouvriers d'Europe, à cela près qu'ils ignorent l'art de souder les anneaux.

Les *Damaras* ont évidemment la même origine que les Cafres. La différence des idiomes n'a rien de surprenant parmi des nations qui ignorent l'art d'écrire, et chez lesquelles le langage est nécessairement sujet à de continuelles variations.

Nous étions parvenus aux frontières du désert. L'objet de mon excursion, qui était de visiter ces provinces, étant rempli, nous revînmes sur nos pas. En repassant dans le kraal dont je viens de parler, j'y reçus de nouveau un très-bon accueil du chef *bastaard*. Je vis dans sa troupe une femme qui paraissait très-avancée en âge. Nous lui demandâmes si elle se rappelait l'époque où les chrétiens étaient venus s'établir dans son pays. Elle répondit, en branlant la tête, qu'elle avait malheureusement de trop bonnes raisons pour s'en souvenir. Avant l'invasion des Européens, elle vivait dans l'abondance, depuis elle se trouvait en proie au plus affreux dénuement.

Cette horde était dans le plus fâcheux état; mais le capitaine *bastaard*, secondé par deux ou trois fermiers bien intentionnés, a trouvé moyen d'attirer plusieurs *Boschisman*. Un missionnaire *hernoute* ou *morave* vient de s'offrir pour aller civiliser les *Boschisman*. Si des vues aussi philanthropiques obtiennent le succès qu'elles méritent, on verra cesser enfin les horreurs qui désolent cette colonie.

Le 5 mai, nous trouvâmes les habitants des montagnes de *Hantam* effrayés par une incursion récente des *Boschisman*. Les brigands avaient emmené plusieurs bestiaux, après avoir grièvement blessé, avec leurs dards empoisonnés, deux Hottentots, l'un au bras, l'autre à la cheville du pied. La blessure du premier n'annonçait pas des symptômes bien dangereux, mais celle du second était fortement envenimée. Je donnai aux paysans des instructions pour soigner ce malheureux.

Les *Boschisman*, aigris par les injustices des colons, commettent toutes sortes d'atrocités. La bande qui venait de désoler ce canton, ayant rencontré un Hottentot isolé, les brigands firent une fosse où ils l'enterrèrent jusqu'au cou, et l'assujettirent si bien, qu'il lui était impossible de se dégager. Il resta dans cette affreuse position toute la nuit et presque toute la journée suivante, jusqu'à ce que des passants l'eussent délivré. Il nous assura qu'il avait été obligé de tenir ses yeux et sa bouche dans un exercice continuel pour empêcher les corbeaux de dévorer sa tête.

Ce pays est, comme le *Snewberg*, désolé par les sauterelles. Tandis que nous étions campés sur le côté oriental de la montagne, nous en vîmes passer une nuée épaisse qui interceptait les rayons du soleil, et ne le laissait paraître que comme à travers un brouillard. Leur ombre se projetait sur la terre comme celle d'un véritable nuage. Les habitants ont imaginé un heureux expédient pour les chasser; c'est d'allumer des plantes âcres et acides dont l'épaisse fumée éloigne ces insectes.

Je fus enfin de retour à la ville du Cap le 2 juin, sans avoir éprouvé aucun des accidents que le mauvais temps avait dû nécessairement me faire craindre.

FIN

TABLE DES MATIÈRES

FIN DE LA TABLE.

Sceaux. — Imp. M. et P.-E. Charaire

www.ingramcontent.com/pod-product-compliance
Ingram Content Group UK Ltd.
Pitfield, Milton Keynes, MK11 3LW, UK
UKHW020151200726
13856UKWH00003B/938